TEUBNERS TECHNISCHE LEITFÄDEN

In Bänden zu 8—10 Bogen. gr. 8.

Die Leitfäden wollen zunächst dem Studierenden, dann aber auch dem Praktiker in knapper, wissenschaftlich einwandfreier und zugleich übersichtlicher Form das Wesentliche des Tatsachenmaterials an die Hand geben, das die Grundlage seiner theoretischen Ausbildung und praktischen Tätigkeit bildet. Sie wollen ihm diese erleichtern und ihm die Anschaffung umfänglicher und kostspieliger Handbücher ersparen. Auf klare Gliederung des Stoffes auch in der äußeren Form der Anordnung wie auf seine Veranschaulichung durch einwandfrei ausgeführte Zeichnungen wird besonderer Wert gelegt. — Die einzelnen Bände der Sammlung, für die vom Verlag die ersten Vertreter der verschiedenen Fachgebiete gewonnen werden konnten, erscheinen in rascher Folge.

Bisher sind erschienen bzw. unter der Presse:

Analytische Geometrie. Von Geh. Hofrat Dr. R. Fricke, Prof. a. d. Techn. Hochschule zu Braunschweig. 2. Aufl. Mit 96 Figuren. [VI u. 135 S.] M. 34.—. (Bd. 1.)

Darstellende Geometrie. Von Dr. M. Großmann, Professor an der Eidgenössischen Technischen Hochschule zu Zürich. Band I. 2., durchges. Aufl. [U. d. Pr. 1922.] (Bd. 2.). Band II. 2., umg. Aufl. Mit 144 Figuren. [VI u. 154 S.] 1921. Kart. M. 38.—. (Bd. 3.)

Differential- und Integralrechnung. Von Dr. L. Bieberbach, Professor an der Universität Berlin. I. Differentialrechnung. 2., verb. Aufl. [IV u. 131 S.] Mit 34 Figuren. Steif geh. M. 34.—. II. Integralrechnung. Mit 25 Figuren. [VI u. 142 S.] 1918. Steif geh. M. 38.—. (Bd. 4/5.)

Funktionentheorie. Von Dr. L. Bieberbach, Professor a. d. Universität Berlin. Mit 34 Fig. [118 S.] 1922. Kart. M. 32.—. (Bd. 14.)

Einführung in die Vektoranalysis mit Anwendung auf die mathematische Physik. Von Prof. Dr. R. Gans, Direktor des physikalischen Instituts in La Plata. 5. Aufl. (Bd. 16.)

Praktische Astronomie. Geograph. Orts- u. Zeitbestimmung. Von V. Thelmer, Adjunkt a. d. Montanistischen Hochschule zu Leoben. Mit 62 Fig. [IV u. 127 S.] 1921. Kart. M. 34.—. (Bd. 13.)

Feldbuch für geodätische Praktika. Nebst Zusammenstellung der wichtigsten Methoden und Regeln sowie ausgeführten Musterbeispielen. Von Dr.-Ing. O. Israel, Prof. an der Techn. Hochschule in Dresden. Mit 46 Fig. [IV u. 160 S.] 1920. Kart. M. 40.—. (Bd. 11.)

Erdbau, Stollen- und Tunnelbau. Von Dipl.-Ing. A. Birk, Prof. a. d. Techn. Hochschule zu Prag. Mit 110 Abb. [V u. 117 S.] 1920. Kart. M. 32.—. (Bd. 7.)

Landstraßenbau einschließlich Trassieren. Von Oberbaurat W. Euting, Stuttgart. Mit 54 Abb. i. Text u. a. 2 Taf. [IV u. 100 S.] 1920. Kart. M. 28.—. (Bd. 9.)

VERLAG VON B. G. TEUBNER IN LEIPZIG UND BERLIN

TEUBNERS TECHNISCHE LEITFÄDEN
BAND 2

DARSTELLENDE GEOMETRIE
I. TEIL

VON

Dr. MARCEL GROSSMANN
PROFESSOR AN DER EIDGENÖSSISCHEN
TECHNISCHEN HOCHSCHULE IN ZÜRICH

ZWEITE, DURCHGESEHENE AUFLAGE

MIT 134 FIGUREN UND
100 ÜBUNGSAUFGABEN
IM TEXT

Springer Fachmedien Wiesbaden GmbH 1922

ISBN 978-3-663-15621-5   ISBN 978-3-663-16195-0 (eBook)
DOI 10.1007/978-3-663-16195-0

**ALLE RECHTE,
EINSCHLIESSLICH DES ÜBERSETZUNGSRECHTS, VORBEHALTEN**

Vorwort zur zweiten Auflage.

Das vorliegende Bändchen „Darstellende Geometrie I" ist die zweite Auflage von des Verfassers „Elementen der darstellenden Geometrie" aus der nämlichen Sammlung „Teubners Technische Leitfäden". Die günstige Aufnahme, welche die erste Auflage bei der Kritik und im Leserkreis gefunden hat, machte wesentliche Änderungen gegenüber der ersten Auflage überflüssig. Dagegen sind der Text und die Figuren sorgfältig überprüft worden und ist das oberste Ziel der Darstellung: leichte Faßlichkeit für mancherlei Verbesserungen maßgebend geblieben. So dient das Bändchen nicht nur als Einleitung und Vorbereitung für den II. Teil, sondern kann auch zum Selbststudium gebraucht werden, da es sich auf die nötigsten Elemente der darstellenden Geometrie beschränkt, diese aber in durchdachter Ausführlichkeit bietet.

Zürich, im Juni 1922.

Marcel Großmann.

Inhaltsverzeichnis.

Seite
Einleitung 1

I. Normalprojektion auf eine Ebene.

- § 1. Darstellung des Punktes, der Geraden und der Ebene . . 2
- § 2. Konstruktionsaufgaben 6
- § 3. Projektion, wahre Gestalt und Größe ebener Figuren . . . 8
- § 4. Normalprojektion des Kreises 11
- § 5. Die Ellipse als affine Figur des Kreises 13
- § 6. Darstellung von Körpern 16
- § 7. Einfache Dreikantskonstruktionen 21

II. Zugeordnete Normalprojektionen.

- § 8. Darstellung des Punktes 23
- § 9. Darstellung der Geraden 25
- § 10. Darstellung der Ebene 28
- § 11. Fundamentale Schnittaufgaben 32
- § 12. Zugeordnete Projektionen ebener Figuren 36
- § 13. Wahre Gestalt und Größe ebener Figuren 38
- § 14. Normalstellung von Ebene und Gerade 40
- § 15. Fundamentalaufgaben über Neigungswinkel 43
- § 16. Einführung der Seitenrißebene 44
- § 17. Transformation der Projektionsebenen 48
- § 18. Die Methode der geometrischen Örter 52
- § 19. Schattenkonstruktionen 56

III. Körper mit ebenen Flächen.

- § 20. Prismen 61
- § 21. Pyramiden 64
- § 22. Durchdringungen von Vielflachen 65

IV. Einfache Körper mit krummen Flächen.

- § 23. Der gerade Kreiszylinder 68
- § 24. Der gerade Kreiskegel 73
- § 25. Ebene Schnitte der geraden Kreiskegelfläche 75
- § 26. Die Kugel 79

Einleitung.

Die *darstellende Geometrie* ist eine konstruktive geometrische Wissenschaft. Ihr Ziel ist, Konstruktionen der räumlichen Geometrie (Stereometrie) auf einem ebenen Zeichnungsblatt zeichnerisch zu lösen. Sie entwickelt zu diesem Zwecke *Abbildungsmethoden* der räumlichen Gebilde auf ein ebenes Zeichnungsblatt. Eine solche Abbildung soll dem sachverständigen Beschauer nicht nur eine klare Vorstellung von dem räumlichen Gebilde geben, sondern der Konstrukteur soll aus ihr durch planimetrische Konstruktionen die Masse und die wahre Größe und Gestalt der einzelnen Teile des dargestellten Gebildes entnehmen oder bestimmen können.

Die wichtigsten Abbildungen der darstellenden Geometrie werden durch *Projektion* gewonnen; die Abbildungsebene wird *Projektionsebene* oder kurz *Bildebene* genannt.

Bei der *Normalprojektion* fällt man von den einzelnen Punkten des abzubildenden Gegenstandes *Normalen* oder *Projektionslote* auf die Bildebene und erhält in deren Schnittpunkten mit dieser die *Projektionen* der Punkte, deren Gesamtheit die Projektion des Gegenstandes gibt.

Bei der *schiefen Parallelprojektion* zieht man die Projektionsstrahlen durch die einzelnen Punkte des Gegenstandes parallel zu einander, aber in schiefer (nicht normaler) Richtung zur Bildebene.

Bei der *Zentralprojektion* endlich gehen alle Projektionsstrahlen durch einen Punkt, das *Projektionszentrum*.

Die wichtigste dieser verschiedenen Projektionsarten ist die *Normalprojektion*, da sie bei der Herstellung *technischer Zeichnungen* bei den Plänen oder Rissen der Bauwerke, der Maschinen usw. beinahe ausschließlich zur Anwendung kommt. Die Zentralprojektion ist die allgemeinste der drei genannten Projektionsarten; denn die schiefe Parallelprojektion ist ein besonderer Fall derselben für ein unendlich fernes Projektionszentrum. Die Normalprojektion aber ist ein besonderer Fall der schiefen Parallelprojektion.

Die Zentralprojektion eines Gegenstandes läßt sich auffassen als der *Schatten*, den er auf die Bildebene wirft, wenn das Projektionszentrum ein leuchtender Punkt ist und der Gegenstand sich zwischen der Lichtquelle und der Bildebene befindet. Die Parallelprojektion kann aufgefaßt werden als Schatten des Gegenstandes für parallel einfallende Lichtstrahlen.

Auch die *Photographie* ist eine Zentralprojektion. Diese Projektionsart liefert die anschaulichsten Bilder und wird daher bei der Herstellung von Schaubildern in der Perspektive verwendet.

I. Normalprojektion auf eine Ebene.

§ 1. Darstellung des Punktes, der Geraden und der Ebene.

Ein *Punkt* A des Raumes ist seiner Lage nach bestimmt durch seine Normalprojektion auf eine Ebene und seinen Abstand a von der Ebene, wenn man festsetzt, daß man diesen letzteren positiv oder negativ rechnen will, je nachdem der Punkt auf der einen oder anderen Seite der Projektionsebene liegt. Diesen mit Vorzeichen versehenen Abstand von der Projektionsebene nennt man die *Kote* des Punktes.

Die Lage eines Punktes A ist also bestimmt durch seine kotierte Normalprojektion $A'\!\!\underset{a}{\,}$.

Alle Punkte mit der gleichen Kote liegen in einer Parallelebene zur Projektionsebene. Die Punkte mit der Kote Null liegen in der Projektionsebene. —

Eine *Gerade* ist ihrer Lage nach bestimmt durch die kotierten Normalprojektionen zweier ihrer Punkte. Die Normalprojektion der Geraden ist dann die Verbindungsgerade dieser beiden Punkte. Denn es gilt der Satz:

Die Normalprojektion einer Geraden ist eine Gerade.

Sind nämlich in *Fig. 1* A, B, C ... Punkte einer Geraden g und A', B', C', ... ihre Normalprojektionen auf die Ebene Π, so sind die Projektionsstrahlen AA', BB', CC' ... zu dieser Ebene normal, also zueinander parallel, so daß sie in *einer* Ebene liegen; ihre Schnittpunkte A', B', C' ... mit der Ebene Π liegen also in *einer* Geraden, der Schnittgeraden g' der Projektionsebene mit der Ebene aller dieser Projektionsstrahlen, die man die *projizierende Ebene* der Geraden nennt, und die zur Projektionsebene normal steht. Es ergibt sich somit:

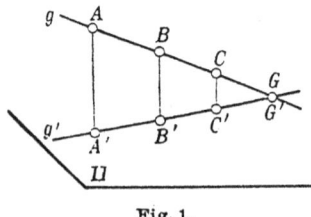

Fig. 1.

Die Normalprojektion einer Geraden ist die Schnittgerade ihrer projizierenden Ebene mit der Projektionsebene.

Parallele Geraden haben parallele Normalprojektionen, da sie parallele projizierende Ebenen haben.

In *Fig. 2* sei eine Gerade g gegeben durch die kotierten Normalprojektionen ihrer Punkte A und B. Es ist also $g' \equiv A'B'$ die Projektion der Geraden. Ist C' die Projektion eines beliebigen dritten Punktes der Geraden, so findet man seine Kote c durch

Darstellung des Punktes, der Geraden und der Ebene 3

Umlegung der projizierenden Ebene um ihre Spur g' in die Projektionsebene. Da das Trapez $AA'B'B$ bei A' und B' rechte Winkel hat, kann seine Umlegung in die Bildebene gezeichnet werden. Die Umlegung $[A]$ von A fällt in die Normale aus A' zu g' und zwar in die Entfernung a von der Drehachse g'. Ebenso findet man $[B]$. Die Gerade $[A][B]$ ist die Umlegung $[g]$ von g. Die Umlegung $[C]$ von C fällt in die Normale aus C' zu g' und auf $[g]$. Dann ist $C'[C]$ die gesuchte Kote c.

Sind die Koten a und b der beiden Punkte A bzw. B ungleich, so ist die Gerade g geneigt gegen die Bildebene, schneidet sie also im Endlichen. Man findet diesen *Spurpunkt* G der Geraden als den Schnittpunkt von $[g]$ mit g', da dieser Punkt die Kote Null hat. Der *Neigungswinkel* β der Geraden gegen die Bildebene ist ihr Winkel mit der Normalprojektion g'; er erscheint also in der Umlegung in wahrer Größe als der Winkel der Geraden $[g]$ und g'.

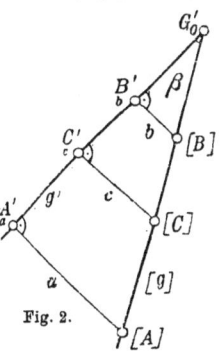

Fig. 2.

Sind dagegen die Koten a und b der beiden Punkte einander gleich, so ist ihre Verbindungsgerade parallel zur Projektionsebene und zu ihrer Normalprojektion auf diese. Die Projektion jeder zur Projektionsebene parallelen Strecke ist gleich der Strecke selbst. $[A][B]$ ist in Fig. 2 die *wahre Größe der Strecke* AB. Es besteht also die Beziehung

$$A'B' = [A][B] \cdot \cos \beta = AB \cdot \cos \beta,\qquad \text{d. h.}$$

Die Normalprojektion einer Strecke ist gleich ihrer wahren Größe multipliziert mit dem Kosinus ihres Neigungswinkels mit der Projektionsebene.

Man kann die wahre Größe einer Strecke und ihren Neigungswinkel mit der Bildebene aber auch noch auf eine zweite, einfachere Art konstruieren, die sich namentlich empfiehlt, wenn die Koten der gegebenen Punkte groß sind.

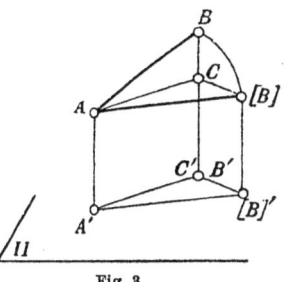

Fig. 3.

Man denke sich die Strecke AB mit ihrer projizierenden Ebene umgelegt in die durch den einen der beiden Punkte, z. B. durch A, gehende sog. *Hauptebene*, die zur Projektionsebene parallel ist. Die Drehachse ist die Parallele AC zu $A'B'$ durch A. (Siehe die anschauliche Darstellung in *Fig. 3.*) Das bei C rechtwinklige Dreieck ABC, das sog. *Differenzendreieck* der Strecke, wird in der gedrehten Lage parallel zur Bildebene, ist also kongruent seiner Normalprojektion. Diese kann daher gezeichnet werden (*Fig. 4.*) $C'[B]'$ ist normal auf $A'B'$ und gleich

4   I. Normalprojektion auf eine Ebene

der Kotendifferenz $b-a$ der beiden Punkte. $A'[B]'$ ist die wahre Größe der Strecke AB und $C'A'[B]' = \beta$ der Neigungswinkel gegen die Bildebene. —

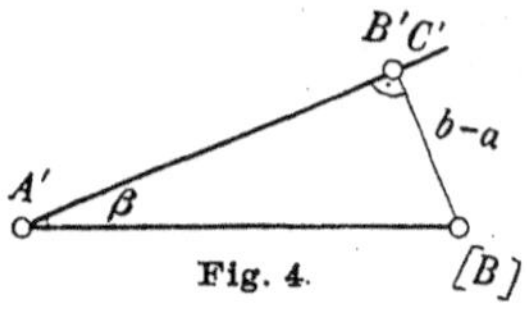

Eine *Ebene* ist ihrer Lage nach bestimmt durch die kotierten Normalprojektionen dreier ihrer Punkte, wenn diese nicht in einer Geraden liegen.

Fig. 4.

Man findet die *Spur* der Ebene mit der Projektionsebene durch Anwendung des Satzes:

Liegt eine Gerade in einer Ebene, so liegt der Spurpunkt der Geraden in der Spur der Ebene.

Denn die Spur enthält alle Punkte der Ebene, deren Kote Null ist, somit auch den Spurpunkt der Geraden.

Ist die Ebene E in *Fig. 5* gegeben durch die kotierten Normalprojektionen der Punkte A, B, C, so konstruiere man die Spurpunkte S, T, U der drei Verbindungsgeraden AB, BC, CA. Diese müssen in *einer* Geraden liegen, der Spur e der Ebene E.

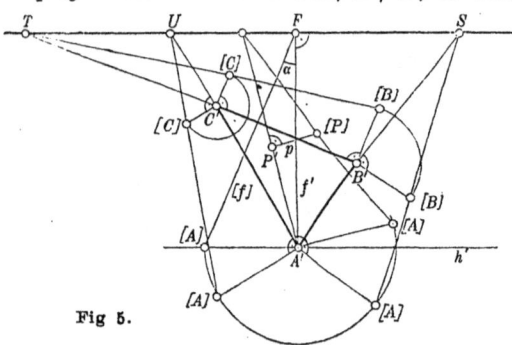

Fig 5.

Wenn P' die Projektion eines weiteren Punktes P der Ebene ist, so findet man dessen Kote p durch Umlegung einer durch ihn gelegten Hilfsgeraden in der Ebene, z. B. der Verbindungsgeraden mit A.

Durch jeden Punkt A der Ebene gehen unendlich viele Geraden, die ganz in dieser liegen; sie bilden ein Strahlbüschel. Von Wichtigkeit sind zwei dieser Geraden:

1. Die *Spurparallele* oder *Hauptgerade h*, die zur Spur der Ebene und also auch zur Projektionsebene parallel ist, so daß auch ihre Projektion h' zur Spur parallel ist; sie enthält alle Punkte der Ebene, die mit P gleiche Kote haben.

2. Die *Spurnormale* oder *Fallgerade f*, die zur Spur der Ebene normal steht; ihre projizierende Ebene ist somit normal zur Spur, so daß auch die Projektion f' zur Spur normal ist. Da die projizierende Ebene der Spurnormalen eine Neigungswinkelebene bezüglich der gegebenen Ebene und der Projektionsebene ist, so ist der *Neigungswinkel der Spurnormalen gleich dem Neigungswinkel der Ebene gegen die Projektionsebene.* Fig. 5 enthält diesen Neigungswinkel α in wahrer Größe, erhalten durch die Umlegung seiner Ebene in die Projektionsebene. Ist die Projektionsebene

horizontal, so ist die Spurnormale die Linie stärksten Gefälls für jeden ihrer Punkte. Es gilt also der Satz:

Jede Spurnormale ist zu jeder Spurparallelen rechtwinklig. Die Projektion dieses rechten Winkels ist wieder ein rechter Winkel.

Dieser Satz wird ergänzt durch den anderen:

Die Normalprojektion eines rechten Winkels, dessen Ebene zur Projektionsebene geneigt ist, ist nur dann ein rechter Winkel, wenn seine Schenkel die Richtung einer Spurparallelen und einer Spurnormalen haben.

Denkt man sich nämlich durch den Scheitel eines rechten Winkels, der in einer geneigten Ebene liegt, und dessen Schenkel zur Spur weder parallel noch normal sind, die Spurparallele gezogen, so ergeben sich deren Winkel mit den beiden Schenkeln in der Projektion *verkleinert*. Ist in *Fig. 6 A* der Scheitel des rechten Winkels, g der eine der Schenkel, h die Spurparallele durch den Scheitel, so ziehe man durch einen beliebigen Punkt B derselben die Spurnormale f, welche die Gerade g in C treffen möge. Dann sind die Dreiecke ABC und $A'B'C'$ beide rechtwinklig und haben die gleichlangen Katheten $AB = A'B'$. Dagegen ist

$$B'C' = BC \cdot \cos \alpha < BC,$$

wenn α der Neigungswinkel der Ebene gegen die Projektionsebene ist. Also ist der $\sphericalangle B'A'C' < \sphericalangle BAC$. Hieraus folgt, daß ein rechter Winkel in einer geneigten Ebene in der Projektion als spitzer oder als stumpfer Winkel erscheint, je nachdem durch seinen Winkelraum eine Spurparallele oder eine Spurnormale gezogen werden kann.

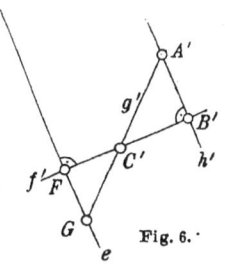

Fig. 6.

Aufgaben: 1. Gegeben sei eine Strecke AB durch ihre Projektion $A'B' = 8$ cm und die Koten $a = 4,3$ cm und $b = -7,1$ cm. Man konstruiere den Spurpunkt und den Neigungswinkel der Geraden AB und die wahre Länge der Strecke. Ferner bestimme man die Punkte mit den ganzzahligen Koten 1, 2, 3, 4 . . .

2. Man füge zur Figur der vorhergehenden Aufgabe den Punkt C hinzu, gegeben durch seine kotierte Normalprojektion, und bestimme die Parallele durch C zur Geraden AB, indem man einen zweiten Punkt dieser Geraden festzulegen sucht.

3. Eine Ebene sei gegeben durch die kotierten Normalprojektionen eines Punktes und einer Spurparallelen, die nicht durch den Punkt geht. Man konstruiere die Spur der Ebene und die wahre Größe ihres Neigungswinkels.

4. Eine Ebene sei gegeben durch ihre Spur und ihren Neigungswinkel $\alpha = 60^0$; man konstruiere die Projektionen der Spurparallelen mit den Koten 1, 2, 3 . . .

§ 2. Konstruktionsaufgaben.

a) *Schnittgerade zweier Ebenen.* In *Fig. 7* seien die Ebenen E und Φ gegeben durch die Spuren *e* bzw. *f* und die Punkte *A* bzw. *B*. Der Schnittpunkt *S* der beiden Spuren ist der Spurpunkt der

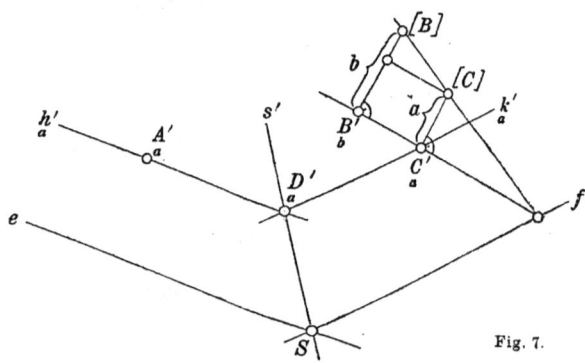

Fig. 7.

Schnittgeraden *s* beider Ebenen. Zur Bestimmung eines weiteren Punktes *P* von *s* hat man in den beiden Ebenen zwei Spurparallelen mit gleichen Koten zu ermitteln und zum Schnitt zu bringen. Zu diesem Zweck ist die Spurparallele *k* mit der Kote *a* in Φ bestimmt worden durch die Konstruktion eines Punktes *C*, der diese Kote hat. Dann ist *D* ein weiterer Punkt von *S*.

b) *Schnittpunkt einer Geraden mit einer Ebene.* In *Fig. 8.* sei die Ebene E gegeben durch die Spur *e* und den Punkt *A*, die Gerade *g* durch die Punkte *B* und *C*. Man bestimmt den Schnittpunkt *D* der Geraden *g* mit der Ebene E, indem man durch *g* eine *Hilfsebene* Φ legt und diese mit der Ebene E zum Schnitt bringt; die Hilfsgerade *s* schneidet die Gerade *g*, weil beide in der Ebene Φ liegen. Dieser Punkt liegt sowohl in der Geraden *g* als auch in der Ebene E, ist also der gesuchte Schnittpunkt beider. Zur Durchführung dieses Konstruktionsgedankens ziehe man durch *B* und *C* die Spurparallelen *h* bzw. *k* der Hilfsebene,

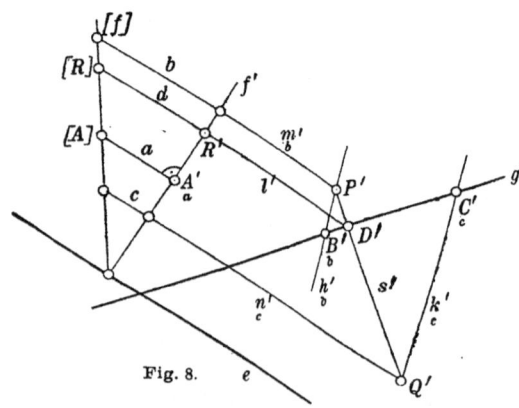

Fig. 8.

deren gemeinsame Richtung man beliebig wählt. Hierauf bestimmt man in der Ebene E die Spurparallelen *m* und *n* mit den gleichen

Koten b und c, etwa durch Umlegung der Spurnormalen f des Punktes A. Die Schnittpunkte P und Q dieser beiden Paare gleich hoher Spurparallelen bestimmen die Schnittgerade s beider Ebenen. Der Schnittpunkt von s' und g' ist die Projektion D' des gesuchten Durchstoßpunktes; seine Kote d findet man am einfachsten, indem man seine der Ebene E angehörige Spurparallele l mit der Spurnormalen f schneidet und diesen Punkt R umlegt. —

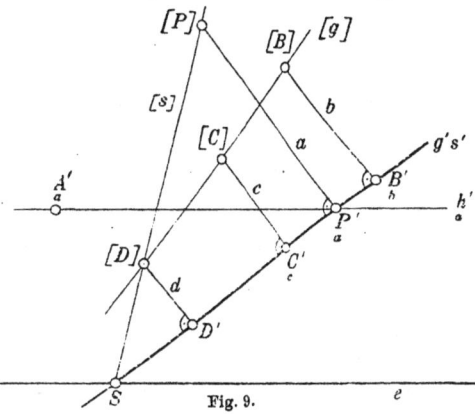

Fig. 9.

Besonders zweckmäßig ist die Verwendung der *projizierenden Ebene* der gegebenen Geraden g als Hilfsebene Φ; ihre Schnittgerade s mit der Ebene E deckt sich in der Projektion mit g'. In *Fig. 9* ist diese Methode durchgeführt. Man bringt die Ebene E zum Schnitt mit der projizierenden Ebene von g, indem man ihre Spur e in S und ihre Spurparallele h in P mit dieser Ebene schneidet. Dann bestimmt man die Umlegungen der Geraden g und s mit der projizierenden Ebene in die Projektionsebene und erhält die Umlegung des gesuchten Durchstoßpunktes D, dessen kotierte Normalprojektion sich unmittelbar ergibt.

c) *Entfernung eines Punktes von einer Ebene.* In *Fig. 10* sei eine Ebene gegeben durch die kotierten Projektionen zweier Spurparallelen h und k, ferner ein Punkt A, der nicht in dieser Ebene liegt. Zur Konstruktion der Entfernung des Punktes von der Ebene

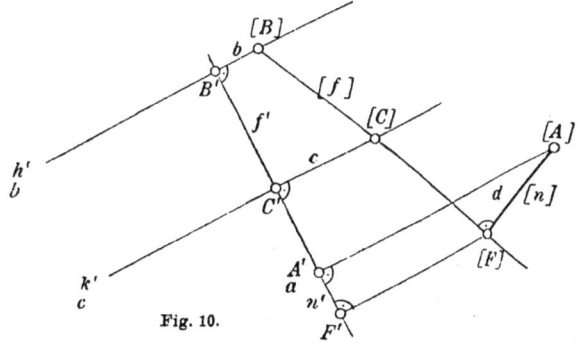

Fig. 10.

hat man die Normale von ihm auf die Ebene zu fällen. Da die projizierende Ebene dieser Normalen n zur Ebene und zur Projektionsebene normal ist, so ist sie auch zur Spur der ersteren normal, so daß die Projektion n' der Normalen zur Spur der Ebene normal ist. Es folgt also:

Ist eine Gerade zu einer Ebene normal, so ist ihre Normalprojektion normal zur Spur der Ebene.

Also ist in Fig. 10 die Normale von A' auf die Spurparallele h' die Projektion der Normalen n. Zur Bestimmung ihres Fußpunktes F mit der Ebene E lege man ihre projizierende Ebene um in die Projektionsebene unter Mitnahme der Fallgeraden f, die sie aus der Ebene E schneidet, und von der man die Schnittpunkte mit den beiden Spurparallelen h und k umlegt. Die Umlegung der Normalen n ist dann die Normale von $[A]$ auf $[f]$, und liefert die Umlegung des Fußpunktes F, sowie die wahre Größe $d = [A][F]$ der gesuchten Entfernung.

Aufgaben: 5. Drei Ebenen seien gegeben durch ihre Spuren und je einen Punkt. Man konstruiere die kotierte Projektion ihres Schnittpunktes.

6. Man konstruiere die Schnittgerade zweier Ebenen, wenn diese gegeben sind durch ihre Spuren und ihre Neigungswinkel mit der Projektionsebene.

7. Man löse die vorstehende Aufgabe unter der Voraussetzung, daß die Spuren der beiden Ebenen zueinander parallel und die Neigungswinkel voneinander verschieden seien.

8. Man bestimme den Abstand von zwei zueinander parallelen Ebenen.

§ 3. Projektion, wahre Gestalt und Größe ebener Figuren.

Wenn die Ebene einer Figur parallel ist zur Projektionsebene, so sind die Figur und ihre Projektion kongruent. Wenn dagegen die Ebene der Figur geneigt ist, so erscheint die Projektion nach Gestalt und Größe verändert. Ist daher eine ebene Figur gegeben durch ihre Normalprojektion und durch die Lage ihrer Ebene, so entsteht die Aufgabe, die wahre Gestalt und Größe derselben zu ermitteln. Diese Aufgabe wird gelöst durch *Umklappung der ebenen Figur mit ihrer Ebene um deren Spur in die Projektionsebene.*

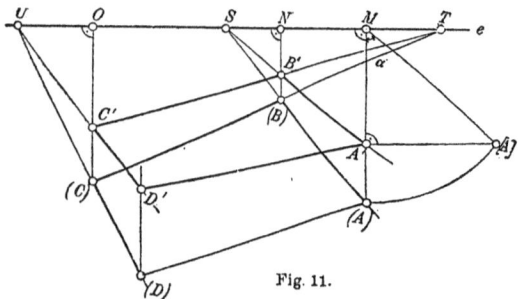

Fig. 11.

In *Fig. 11* sei ein ebenes Viereck $ABCD$ gegeben durch seine Normalprojektion $A'B'C'D'$, durch die Spur e und den Neigungswinkel α seiner Ebene E. Bei der Umklappung beschreibt jeder

Punkt A der Ebene einen Kreisbogen, dessen Ebene normal steht zur Drehachse e, dessen Mittelpunkt M auf der Drehachse liegt und dessen Radius gleich ist der wirklichen Entfernung des Punktes A von der Drehachse. Die Umklappung fällt also in die Normale aus A' zur Drehachse. Zur Bestimmung der wahren Größe des Drehradius MA lege man dessen projizierende Ebene um in die Projektionsebene; es ist dann $MA = M[A] = M(A)$.

Solcherweise könnte man auch die Umklappungen der übrigen Ecken des gegebenen Vierecks finden. Man kann aber benützen, daß bei der Umklappung der Ebene alle Punkte der Drehachse festbleiben. Weil also der Spurpunkt S der Geraden AB festbleibt, so ist $S(A)$ die Umklappung der Geraden SA und (B) liegt auf dieser Geraden und in der Normalen aus B' zur Drehachse. Ebenso findet man die Umklappungen der Punkte C und D. Dann ist $(A)(B)(C)(D)$ die wahre Gestalt des Vierecks.

Zwischen der Umklappung und der Projektion einer ebenen Figur bestehen also Beziehungen, die man folgendermaßen zusammenfassen kann:

Umklappung und Normalprojektion jedes Punktes einer Ebene liegen in einer Normalen zur Drehachse; Umklappung und Normalprojektion jeder Geraden schneiden sich in der Drehachse.

Man definiert nun:

Zwei ebene Figuren heißen **affin,** *wenn jedem Punkt der einen ein Punkt der andern, jeder Geraden der einen eine Gerade der andern so entspricht, daß die Verbindungsgeraden entsprechender Punkte gleiche Richtung haben (Affinitätsrichtung) und die Schnittpunkte entsprechender Geraden in einer festen Geraden liegen (Affinitätsachse).*

Ist die Affinitätsrichtung normal zur Affinitätsachse, so heißen die Figuren *normal-affin.* Somit kann man sagen:

Normalprojektion und Umklappung einer ebenen Figur sind normal-affin. Die Affinitätsachse ist die Spur der Ebene.

Sind in Fig. 11 N und O die Drehungsmittelpunkte der Punkte B und C, so ist infolge der Konstruktion

$$MA' : M(A) = NB' : N(B) = OC' : O(C), \qquad \text{d. h.}$$

In affinen Figuren haben entsprechende Punkte konstantes Verhältnis der Entfernungen von der Affinitätsachse (Affinitätsverhältnis).

Es ist ferner $MA' : M(A) = MA' : M[A] = \cos \alpha$, d. h.

Das Affinitätsverhältnis bei der Umklappung einer ebenen Figur ist gleich dem Kosinus des Neigungswinkels der Ebene gegen die Projektionsebene.

Man kann die wahre Gestalt einer ebenen Figur auch bestimmen durch *Umklappung der Ebene um eine Hauptlinie* bis zum

Parallelismus mit der Projektionsebene. In *Fig. 12* ist die Ebene des Dreiecks ABC umgeklappt worden um die Hauptlinie h des Punktes B. Diese wird erhalten, indem man auf der Seite AC den Punkt D mit der Kote b bestimmt. Die Umklappung $(A)'$ fällt in die Normale aus A' zur Drehachse h'. Der Mittelpunkt M der Drehung liegt auf h. Die wahre Größe des Drehradius MA wird bestimmt durch Umlegung des Differenzendreiecks von MA.

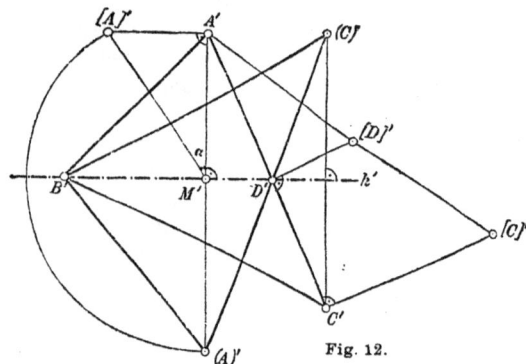

Fig. 12.

Umklappung und Projektion des Dreiecks sind normal-affin; die Affinität ist bestimmt, da man ihre Achse h' und ein Paar A', $(A)'$ entsprechender Punkte kennt. Aus der Affinität findet man $(C)'$, während B festbleibt.

Aus diesen Beziehungen zwischen Umklappung und Normalprojektion einer ebenen Figur ergibt sich der Zusammenhang zwischen den *Flächeninhalten* beider. Die Hauptlinie h zerlegt das Dreieck ABC in die beiden Dreiecke ABD und CBD. Die Dreiecke $A'B'D'$ und $(A)B'D'$ haben die gleiche Grundlinie $A'D'$; ihre Höhen $A'M'$ und $(A)M'$ haben das Verhältnis $\cos \alpha : 1$. Somit verhalten sich die Flächeninhalte der Dreiecke wie die Höhen, also wie $\cos \alpha : 1$. Das nämliche gilt von den beiden Dreiecken $C'B'D'$ und $(C)B'D'$. Also findet man für das Verhältnis der Flächeninhalte der Projektion und der Umklappung

$$F' = F \cdot \cos \alpha.$$

Der Flächeninhalt der Projektion eines Dreiecks ist gleich dem Flächeninhalt des Originaldreiecks multipliziert mit dem Kosinus des Neigungswinkels seiner Ebene mit der Projektionsebene.

Da sich jedes ebene Vieleck in Dreiecke zerlegen läßt, so gilt dieser Satz auch für Vielecke. Ist ein Flächenstück durch eine Kurve begrenzt, so kann diese als ein Vieleck mit unendlich vielen, unendlich kleinen Seiten aufgefaßt werden. Es gilt also allgemein der Satz:

Der Flächeninhalt der Projektion einer ebenen Figur ist gleich dem Flächeninhalt der Originalfigur multipliziert mit dem Kosinus des Neigungswinkels ihrer Ebene gegen die Projektionsebene.

Aufgaben: 9. Ein Winkel sei gegeben durch die kotierte Normalprojektion seines Scheitels und die Spurpunkte seiner Schenkel: man konstruiere seine wahre Größe.

10. Man konstruiere die Projektionen der beiden Halbierungslinien des Winkels in der letzten Aufgabe.

11. Man konstruiere die Projektion des Höhenschnittpunktes, des Schwerpunktes und des Mittelpunktes des umschriebenen Kreises eines Dreiecks, das durch die kotierten Projektionen seiner Ecken gegeben ist.

12. Man konstruiere die wahre Entfernung eines gegebenen Punktes von einer gegebenen Geraden (durch Umklappung der sie verbindenden Ebene).

§ 4. Normalprojektion des Kreises.

Die Affinität, die zwischen der Normalprojektion einer ebenen Figur und ihrer Umklappung in die Bildebene besteht, gelangt auch zur Anwendung bei der Darstellung einer ebenen Figur von gegebener Form und bekannter Lage. Von besonderer Wichtigkeit ist die Darstellung des *Kreises*.

In *Fig. 13* sei ein Kreis bestimmt durch seine Ebene E, gegeben durch die Spur e und den Neigungswinkel α, seinen Mittelpunkt M, gegeben durch dessen Normalprojektion M' und durch seinen Radius r. Man klappe die Ebene um ihre Spur in die Projektionsebene. Die Umklappung (M) des Mittelpunktes fällt in die Normale aus M' zu e; die wahre Größe des Drehradius OM bestimmt man durch

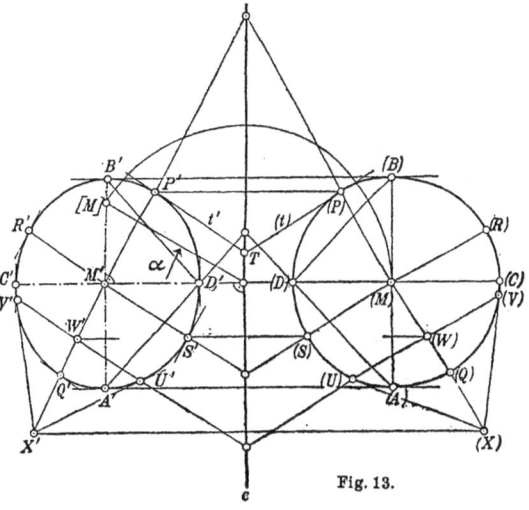

Fig. 13.

dessen Umlegung in die Projektionsebene. Hierauf zeichne man die Umklappung des Kreises.

Man findet dann die Projektion des Kreises als die affine Figur seiner Umklappung. Die Affinität ist bestimmt durch die Achse e und ein Paar M', (M) entsprechender Punkte. Ist also (P) ein beliebiger Punkt des (umgeklappten) Kreises, so liegt P' in der Normalen aus (P) zu e und in der entsprechenden Geraden zum Durchmesser $(M)(P)$, die sich mit diesem auf e schneidet. Ist (Q) der zweite Endpunkt dieses Durchmessers, so liegt Q' auf $M'P'$ und auf der Normalen aus (Q) zu e.

Wie in § 5 bewiesen werden wird, ist die Normalprojektion des Kreises eine *Ellipse*. M' ist deren *Mittelpunkt*, da dieser Punkt, wie die Figur zeigt, die Projektion jedes Durchmessers halbiert.

Jede *Tangente* des Kreises projiziert sich als Tangente der Ellipse. Denn man kann die Kreistangente auffassen als eine Gerade, die mit dem Kreis zwei einander unendlich nahe gelegene Punkte gemein hat; also hat auch die Projektion derselben mit der Projektion des Kreises zwei unendlich benachbarte Punkte gemein, ist also eine Tangente der Ellipse. Ist (t) die Tangente in (P) an den Kreis, so ist die Tangente in P' an die Ellipse die entsprechende Gerade, die sich mit ihr auf der Affinitätsachse e schneidet; dieser Punkt T ist der Spurpunkt der Tangente, der bei der Umklappung festbleibt. Die Tangenten in P' und Q' an die Ellipse sind parallel; denn die Tangenten in P und Q an den Kreis sind parallel, und parallele Geraden haben parallele Normalprojektionen.

Der Durchmesser PQ erfährt bei der Projektion eine gewisse Verkürzung, deren Maß abhängt von dem Neigungswinkel desselben gegen die Projektionsebene. Keine Verkürzung erleidet nur der Durchmesser AB, der zur Projektionsebene, also zur Spur e parallel ist. $A'B'$ ist daher der längste Durchmesser der Ellipse, ihre *große Achse*. Am stärksten verkürzt sich der Durchmesser CD, der in die Spurnormale fällt. $C'D'$ ist daher der kürzeste Durchmesser der Ellipse, ihre *kleine Achse*.

Es sei RS der zu PQ normale Durchmesser des Kreises. Weil RS parallel ist zu den Tangenten in den Punkten P und Q, so ist der Ellipsendurchmesser $R'S'$ parallel zu den Ellipsentangenten in P' und Q'. Aus dem nämlichen Grunde sind die Tangenten in R' und S' parallel zum Durchmesser $P'Q'$. Zwei derartige Durchmesser, von denen jeder parallel ist zu den Tangenten in den Endpunkten des andern, heißen *konjugierte Durchmesser* der Ellipse. Die Ellipse hat unendlich viele Paare konjugierter Durchmesser; sie gehen hervor durch Projektion aus den Paaren zueinander normaler Durchmesser des Kreises. Die Achsen sind die einzigen konjugierten Durchmesser der Ellipse, die zueinander normal stehen; denn die Normalprojektion eines rechten Winkels ist nur dann wieder ein rechter Winkel, wenn einer seiner Schenkel zur Projektionsebene parallel ist (§ 1).

Jeder Durchmesser PQ des Kreises ist eine Achse normaler Symmetrie für den Kreis; zwei symmetrische Punkte U und V liegen auf einer Normalen zur Symmetrieachse, gleich weit von dieser entfernt und ihre Tangenten schneiden sich auf der Symmetrieachse. Beim Projektionsprozeß wird aus der normalen Symmetrie eine *schiefe Symmetrie* bezüglich jedem Durchmesser der Ellipse. Die Symmetrierichtung ist die Richtung des konjugierten Durchmessers; die Verbindungslinie entsprechender Punkte U' und

Die Ellipse als affine Figur des Kreises

V' wird durch die Achse $P'Q'$ halbiert und die Tangenten entsprechender Punkte schneiden sich auf der Symmetrieachse. Nur die große und die kleine Achse der Ellipse sind Achsen normaler Symmetrie für diese.

Sind a und b die Halbachsen der Ellipse, so kann ihre Fläche berechnet werden aus der Fläche des Kreises, dessen Projektion sie ist.

Die Fläche der Kreisprojektion ist
$$F = \pi r^2 \cdot \cos \alpha,$$
und da $\quad a = r, \quad b = r \cdot \cos \alpha$
ist, findet man $\quad F = \pi a b.$

Die Fläche einer Ellipse mit den Halbachsen a und b ist $\pi a b$.

§ 5. Die Ellipse als affine Figur des Kreises.

Um zu beweisen, daß die Normalprojektion des Kreises eine Ellipse ist, zeigen wir vorerst:

Der Schnitt eines geraden Kreiszylinders mit einer zu seiner Achse geneigten Ebene ist eine Ellipse.

In *Fig. 14* sei $O_1 O_2$ die in der Projektionsebene liegende Achse des Zylinders, r dessen Radius, AB die Spur einer zur Projektionsebene normalen Schnittebene. Schneidet eine beliebige Mantellinie $Q_1 Q_2$ des Zylinders die Schnittebene in P, so findet man zu der Projektion P' dieses Punktes die Kote p, indem man den Normalschnitt durch diesen Punkt umlegt in die Projektionsebene; es ist $P'[P] = p$. Dann kann man auch die Umlegung des Punktes P mit der Schnittebene in die Projektionsebene zeichnen, wobei $P'\{P\} = p$ zu nehmen ist. Man kann so die wahre Gestalt der Schnittkurve punktweise konstruieren.

Es gibt nun zwei Kugeln, die dem Zylinder eingeschrieben sind, und die Schnittebene in den Punkten F_1 bzw. F_2 berühren.

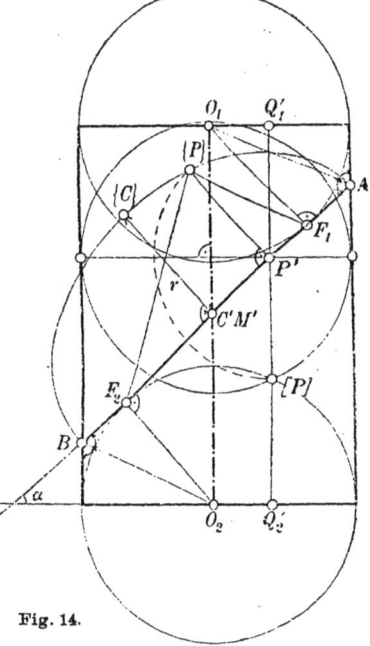

Fig. 14.

Ihre Mittelpunkte O_1 und O_2 liegen auf der Achse des Zylinders und werden gefunden, indem man bei A und B den Winkel halbiert, den die Spur AB der Schnittebene mit den Mantellinien bildet; natürlich sind diese beiden Winkelhalbierenden AO_1 und BO_2 parallel. Für jeden Punkt P des Schnittes ist nun

$$PQ_1 + PQ_2 = Q_1 Q_2,$$

also eine Summe von *konstanter* Größe, da $Q_1 Q_2$ die Mantellinie des Zylinders ist. Weil aber

$$PQ_1 = PF_1, \qquad PQ_2 = PF_2,$$

als Kugeltangenten vom Punkt P aus, so ist auch

$$PF_1 + PF_2 = Q_1 Q_2.$$

$Q_1 Q_2$ ist aber gleich AB, weil sich die beiden Strecken in gleichlange Kugeltangenten zerlegen lassen. Die Punkte der Schnittkurve haben also die Eigenschaft, daß

$$PF_1 + PF_2 = AB$$

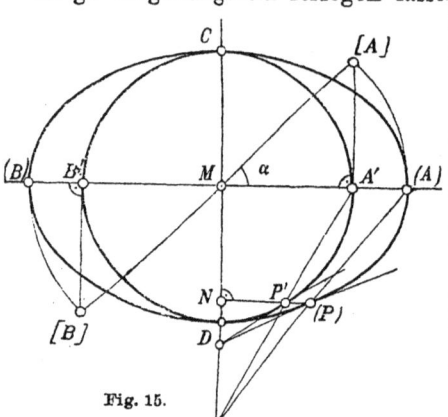

Fig. 15.

ist, liegen daher auf der *Ellipse*, für die F_1 und F_2 die *Brennpunkte* sind und AB die große Achse ist. Bezeichnet α den Winkel, den die Schnittebene mit dem Normalschnitt des Zylinders bildet, so findet man für die Halbachsen der Ellipse

$$a = \frac{r}{\cos \alpha}, \qquad b = r.$$

Legt man durch den Mittelpunkt M der Ellipse, d. h. durch den Schnittpunkt der Ebene mit der Achse, den Normalschnitt, so kann dieser aufgefaßt werden als die Normalprojektion der Ellipse auf seine Ebene. Also besteht zwischen diesem Kreis und der Umklappung der Ellipse in seine Ebene normale Affinität, deren Achse die *kleine* Achse CD der Ellipse ist. Dieser Zusammenhang ist in *Fig. 15* dargestellt.

Die Ellipse geht also durch normale Affinität hervor aus dem Kreis über ihrer kleinen Achse.

Nun kann man aber zeigen, daß die Ellipse auch aus dem Kreis über ihrer *großen* Achse durch normale Affinität hervorgeht: Es seien in *Fig. 16* $AB = 2a$, $CD = 2b$ die beiden Achsen einer Ellipse. Man schlage die Kreise über diesen beiden Strecken als Durchmessern. OA schneide den kleinen Kreis in A_1, OC schneide den großen Kreis in C_2. Nun ziehe man einen beliebigen Radius der beiden Kreise, der diese in P_1 bzw. in P_2 schneide. Zieht man

Die Ellipse als affine Figur des Kreises 15

durch P_1 die Parallele zur großen Achse, durch P_2 diejenige zur kleinen, so ist deren Schnittpunkt P ein Punkt der Ellipse.

Sind nämlich M bzw. N die Schnittpunkte dieser Parallelen mit den Achsen, so ist

$$MP : MP_1 = OP_2 : OP_1$$
$$= a : b = OA : OA',$$

so daß P und P_1 entsprechende Punkte sind in der Affinität, die CD zur Achse hat, und für die A, A_1 ein Paar entsprechender Punkte ist. Also ist nach dem vorhin bewiesenen Satz P ein Punkt der Ellipse. Es ist aber weiter

$$NP : NP_2 = OP_1 : OP_2$$
$$= b : a = OC : OC_2,$$

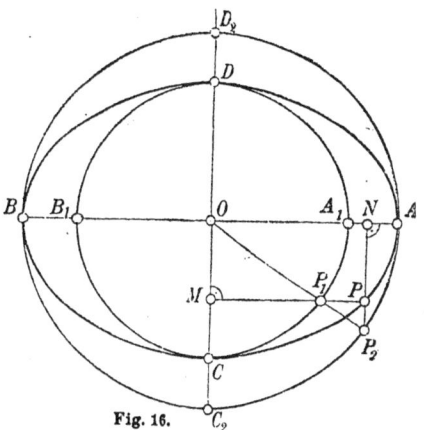

Fig. 16.

woraus folgt, daß P und P_2 entsprechende Punkte sind in der Affinität, die AB zur Achse hat und für die C, C_2 ein Paar entsprechender Punkte ist. Es gilt also auch der Satz:

Die Ellipse geht durch normale Affinität hervor aus dem Kreis über ihrer großen Achse.

Hieraus folgt aber:

Die Normalprojektion des Kreises ist eine Ellipse.

Denn ist in *Fig. 17* e die Spur der Kreisebene, M dessen Mittelpunkt, den man in der Spur voraussetzen darf, α der Neigungswinkel der Kreisebene, so sei der Kreis über dem in e liegenden Durchmesser AB die Umklappung des Kreises. Aus dem Neigungswinkel findet man die Projektion C' des obersten Punktes des Kreises. Da nun die Projektion, wie in § 4 gezeigt wurde, durch Affinität aus der Umklappung hervorgeht, wobei AB die Achse, und C',

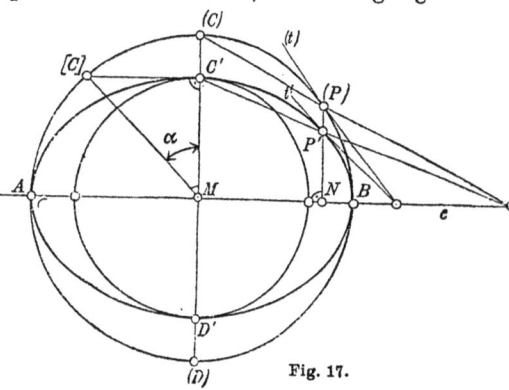

Fig. 17.

(C) ein Paar entsprechender Punkte sind, so ist der aufgestellte Satz bewiesen. Die Halbachsen der Ellipse sind

$$a = r, \qquad b = r \cdot \cos \alpha,$$

wenn r der Radius des Kreises ist.

16   I. Normalprojektion auf eine Ebene

Aufgaben: **13.** Man zeichne die Projektion des eingeschriebenen Kreises eines Dreiecks, das durch die kotierte Projektion gegeben ist.

14. Ein Kreis sei gegeben durch den Mittelpunkt und eine Tangente, so daß die Ebene beider zur Projektionsebene geneigt ist; man projiziere den Kreis.

§ 6. Darstellung von Körpern.

Einige *Beispiele* mögen die Anwendung der kotierten Normalprojektion auf die Darstellung einfacher Körper erläutern.

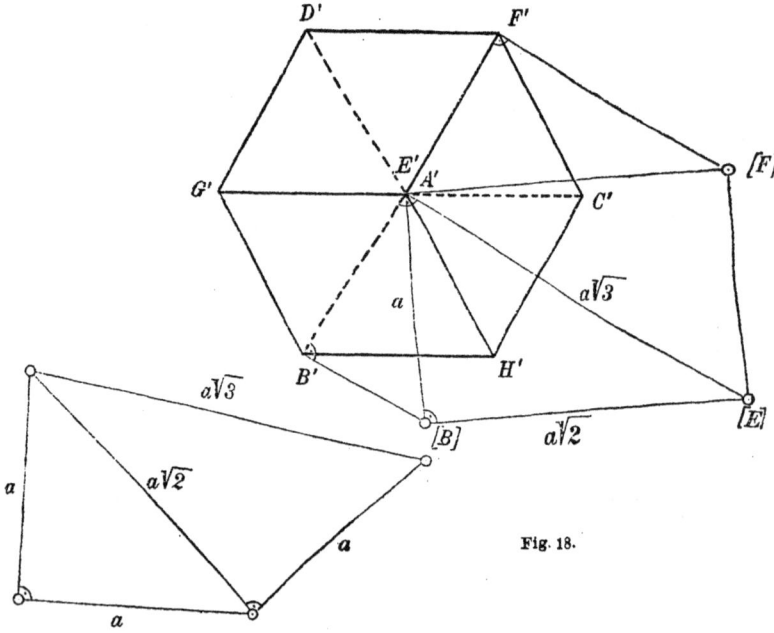

Fig. 18.

a) Man zeichne die Normalprojektion eines *Würfels*, wenn eine Körperdiagonale desselben zur Projektionsebene normal steht.

In *Fig. 18* sei die Ecke A in der Projektionsebene angenommen, die zur Projektionsebene normale Diagonale mit AE bezeichnet. Die Kote von E ist gleich der Körperdiagonalen des Würfels, also gleich $a\sqrt{3}$, wenn a die Länge der Würfelkante ist. Man konstruiert also in einer Hilfsfigur aus a zunächst $a\sqrt{2}$, dann $a\sqrt{3}$. Legt man durch die Diagonale AE und die Kante AB die Ebene, so schneidet diese den Würfel in einem Rechteck, dessen Seiten $AB = EF = a$ und $AF = EB = a\sqrt{2}$ sind. Wählt man die durch A gehende Spur dieser Ebene, die zur Projektionsebene normal ist, so kann man die Umlegung $A[B][E][F]$ des Rechtecks aus der Kote von E und aus den bekannten Seiten konstruieren.

Darstellung von Körpern 17

Aus den Umlegungen der Ecken B und F findet man deren Projektionen auf der Spur der Diagonalebene. Weil die Kanten AB und EF gleich lang sind und gleiche Neigung haben gegen die Projektionsebene, so haben sie gleichlange Projektionen. Da auch die übrigen von A und E ausgehenden Kanten die nämliche Länge und Neigung haben, so erscheinen ihre Projektionen gleich weit von $A \equiv E'$ entfernt, liegen also auf dem Kreis mit diesem Mittelpunkt, der durch B' geht. Da diese Kanten aber miteinander gleiche, nämlich rechte Winkel bilden, und ihre Verbindungsebenen, die Würfelflächen, gleiche Neigung gegen die Projektionsebene

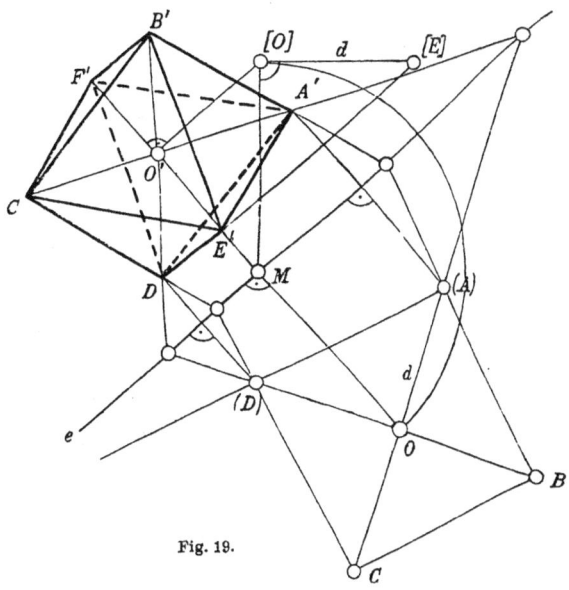

Fig. 19.

haben, so müssen die Projektionen dieser Winkel gleich, also gleich 120^0 sein. Die auf dem Umriß angeordneten Ecken bilden also ein regelmäßiges Sechseck.

b) Von einem regelmäßigen *Oktaeder* kennt man den Mittelpunkt, eine der drei Achsen und die Verbindungsebene dieser mit einer zweiten Achse. Man zeichne die Projektion des Vielflachs.

Es sei in *Fig. 19* der Mittelpunkt O gegeben durch seine kotierte Projektion, die Ebene E zweier Achsen durch diesen Punkt und die Spur e, die Achse AC durch ihre Projektion. Die Ebene E enthält als Achsenschnitt des Oktaeders ein Quadrat $ABCD$, von dem AC eine Diagonale ist. Um die Projektionen der beiden andern Ecken B und D zu finden, hat man die Ebene umzuklappen, etwa um die Spur e in die Projektionsebene. Die Umklappung von O fällt in die Normale aus O' zu e und wird in bekannter Weise gefunden durch die Bestimmung der wahren Größe des Drehradius MO. Damit ist die Affinität zwischen Projektion und Umklappung des Quadrates bestimmt und man findet (A) und (C). Man kann nun in der Umklappung das Quadrat ergänzen und dann durch die Affinität die Projektionen der Ecken B und D finden. Die dritte Achse EF geht durch O und ist zur Ebene E normal; ihre Projektion geht daher durch O' und ist zu e normal. Zur Bestimmung der Projektionen der Endpunkte E und F hat man die projizierende Ebene der Achse umzulegen in die Projektionsebene. $[O]$ ist schon in der Figur enthalten, $[E][O]$ geht durch diesen Punkt, ist normal zu $M[O]$ und gleich der halben Diagonale; die wahre Länge dieser Halbachse wird durch $(O)(A)$ gegeben. Aus der Umlegung von E findet man die Projektion E'; ferner ist $O'F'' = O'E'$.

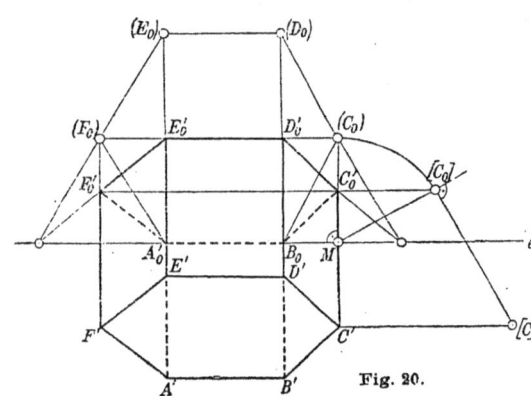

Fig. 20.

Denkt man sich die Flächen des Oktaeders undurchsichtig, so ist die *Sichtbarkeit* der einzelnen Kanten festzustellen. Dabei denkt man sich, wie das der Normalprojektion entspricht, den Körper in Richtung der Projektionsstrahlen aus unendlicher Ferne betrachtet. Sichtbar sind jedenfalls alle Kanten, die den Umriß bilden. Die von der oberen Ecke E ausgehenden Kanten sind im Falle der Fig. 19 sämtlich sichtbar, da keine von ihnen unter eine Fläche des Oktaeders fällt. Dagegen sind die Kanten AF und DF unsichtbar, weil sie unter der Fläche CBF liegen. Auch die Kante AB ist unsichtbar, da sie verdeckt wird durch die in E zusammenstoßenden Flächen.

c) Man projiziere ein gerades, regelmäßiges, sechsseitiges *Prisma*, von dem eine Grundkante in der Projektionsebene liegt und der Neigungswinkel der Grundfläche gegen die Bildebene gleich 60^0 ist.

In *Fig. 20* sei A_0B_0 die gegebene Grundkante. Dann ist das regelmäßige Sechseck über dieser Seite die Umklappung der Grundfläche in die Projektionsebene. Aus der Umklappung einer Ecke C_0 und dem Neigungswinkel $\alpha = 60^0$ findet man auf bekanntem Wege die Projektion C_0' der Ecke. Damit ist die Affinität zwischen Umklappung und Projektion der Grundfläche bestimmt und kann zur Konstruktion der letzteren benützt werden. Die Projektionen der Seitenkanten sind normal zu A_0B_0. Die Projektion der Deckfläche

Darstellung von Körpern 19

$ABCDEF$ ist kongruent der Projektion der Grundfläche und wird gefunden, indem man die Projektion einer ihrer Ecken, z. B. C', ermittelt, etwa durch Umlegung der Seitenkante $C_0 C$; dabei

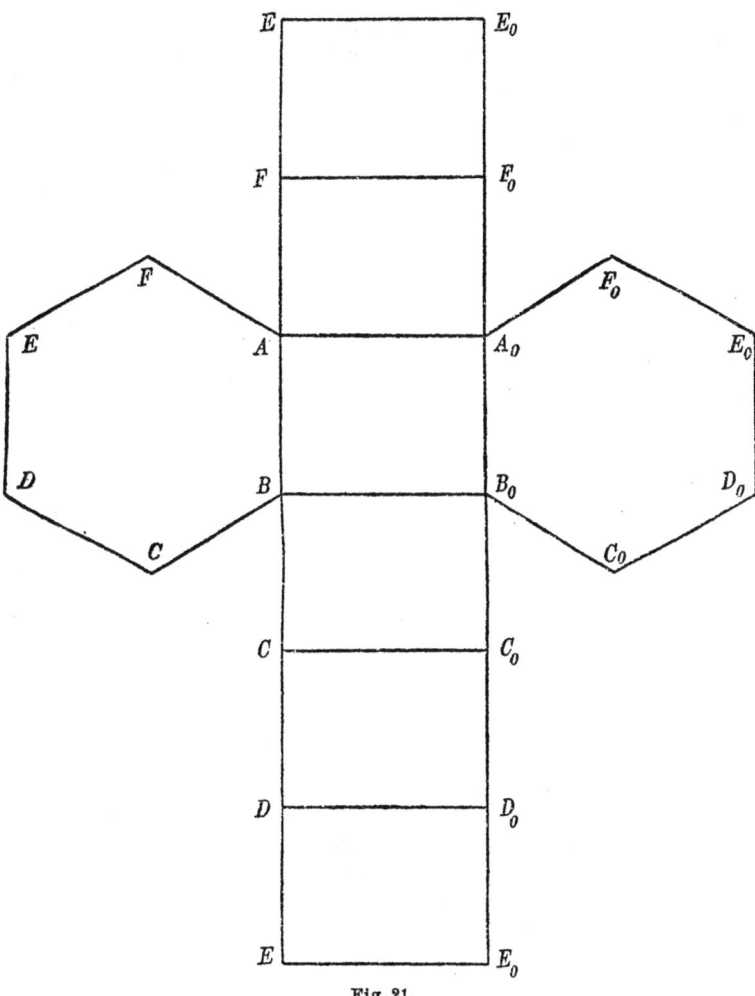

Fig. 21.

ist $[C_0][C]$ normal zum umgelegten Drehradius $M[C_0]$ und gleich der gegebenen Höhe des Prismas.

Fig. 21 enthält das *Netz* des Prismas, d. i. die Ausbreitung seiner Flächen in eine Ebene, wobei die am Körper in einer Kante zusammenstoßenden Flächen so weit als möglich zusammenhängend belassen werden. In unserem Fall denke man sich den Mantel längs der Seitenkante EE_0 aufgeschlitzt und längs der Grundkanten so weit von den Grundflächen gelöst, daß er nur noch in den Grundkanten AB und A_0B_0 mit ihnen zusammenhängt. Zeichnet man das Netz auf steifes Papier und schneidet man es aus, so kann man durch Ritzen der Kanten das Zusammenbiegen der Flächen ermöglichen und durch geeignete Bindemittel ein *Modell des Prismas* herstellen.

d) Man zeichne das Netz einer unregelmäßigen sechsseitigen *Pyramide*.

In *Fig. 22* sei die Grundfläche der Pyramide angenommen in der Projektionsebene, die Spitze M gegeben durch ihre kotierte

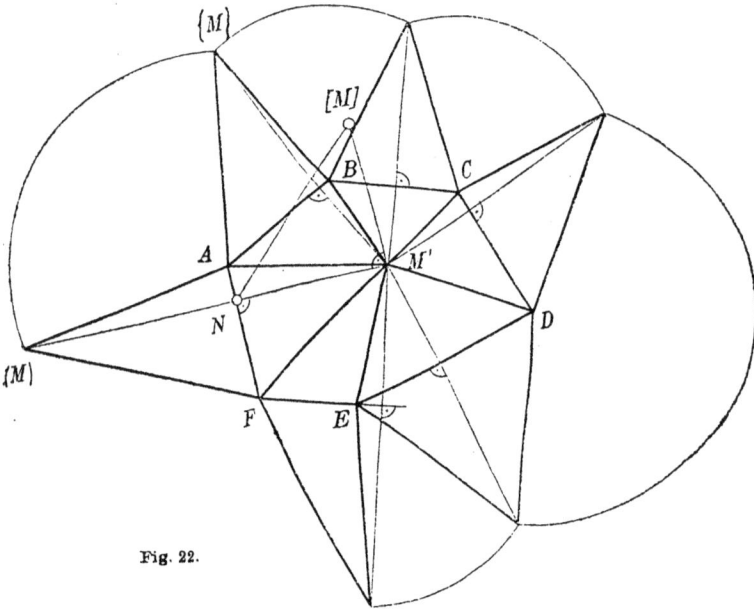

Fig. 22.

Projektion. Man erhält das Netz der Pyramide, indem man die einzelnen Seitenflächen um die Grundkanten umklappt in die Grundfläche. Für die erste dieser Umklappungen, z. B. diejenige um die Grundkante AF, hat man die Umklappung der Spitze M zu bestimmen durch Ermittlung der wahren Länge des Drehradius MN; die Umklappungen der Spitze mit den folgenden Seitenflächen findet man in den Normalen aus M' zu den einzelnen Drehachsen und mit Hilfe der Bemerkung, daß jede Seitenkante zweimal umgeklappt wird, so daß z. B. $A(M) = A\{M\}$ wird, usw.

Aufgaben: 15. Man projiziere ein regelmäßiges Oktaeder, das mit einer Seitenfläche auf der Projektionsebene liegt, und zeichne das Netz des Körpers.

16. Man projiziere einen Würfel, von dem eine Fläche in einer gegebenen schiefen Ebene liegen soll.

§ 7. Einfache Dreikantskonstruktionen.

Die sphärische Trigonometrie löst die *Bestimmungsaufgaben des Dreikants* durch Rechnung, die darstellende Geometrie durch *geometrische Konstruktion*. Bekanntlich unterscheidet man sechs Bestimmungsfälle, von denen die drei einfacheren hier konstruktiv gelöst werden mögen.

a) Man konstruiere das Dreikant aus seinen drei Seiten a, b, c.

Man wähle in der Projektionsebene die Seite a und zeichne auch die Umklappungen der beiden anderen Seiten b und c (*Fig. 23*). Die der Seite a gegenüberliegende Kante ist mit den Seiten b und c umgeklappt worden. Ist A einer ihrer Punkte, so sind seine beiden Umklappungen (A) und $\{A\}$ vom Scheitel O gleich weit entfernt. Die Projektion A' dieses Punktes liegt im

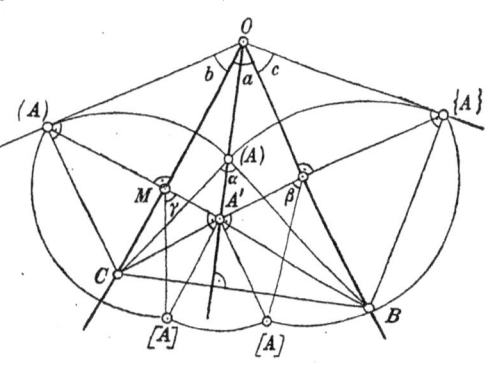

Fig. 23.

Schnittpunkt der Normalen aus (A) und $\{A\}$ auf die Drehachsen OC bzw. OB. Dann ist OA' die Projektion der dritten Kante. Man erhält die Winkel β und γ durch Umlegung der durch A gehenden Neigungswinkelebenen; die Kote von A findet man aus dem Drehradius $M(A)$. Zur Bestimmung der wahren Größe des dritten Winkels α lege man die Normalebene in A zur Kante OA; deren Spuren mit den Seitenflächen b und c sind in (A) und $\{A\}$ normal zu $O(A)$ bzw. $O\{A\}$ umgeklappt und liefern die Spurpunkte B und C, so daß BC die Spur der Neigungswinkelebene ist und zu OA' normal sein muß. Durch Umklappung des Dreiecks BAC um diese Spur findet man den Winkel α.

b) Man konstruiere das Dreikant aus zwei Seiten a und b und dem von ihnen eingeschlossenen Winkel γ (Fig. 23).

Wählt man wieder die Seite a in der Projektionsebene und zeichnet man die Umklappung der anderen gegebenen Seite b, so kann man die Projektion A' eines auf der umgeklappten Kante angenommenen Punktes A konstruieren, da man den Winkel γ kennt, der im umgelegten Dreieck MAA' auftritt. Ist so die Projektion der dritten Kante gefunden, so ergeben sich die Winkel α und β wie im ersten Fall, während die Umklappung der Seite c durch die Umklappung des Punktes A um die Drehachse OB gelingt.

c) Kennt man eine Seite a und die beiden anliegenden Winkel β und γ, so erhält man (*Fig. 24*) die Projektion eines Punktes A

der dritten Kante, indem man die Projektionen zweier in den Seitenflächen b und c liegenden Spurparallelen von gleicher Kote x zeichnet.

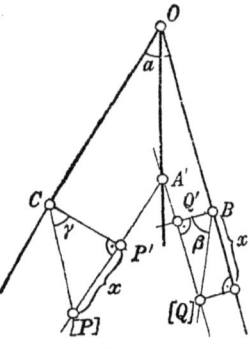

Fig. 24.

Diese findet man, indem man an irgendwelchen Stellen der Scheitelkanten die Winkel β und γ in der Umlegung zeichnet, und auf den umgelegten Spurnormalen Punkte P und Q mit gleicher Kote x bestimmt. Der Schnittpunkt der beiden Spurparallelen ist dann durch seine kotierte Projektion gegeben. Die Bestimmung der übrigen Stücke des Dreikants geschieht wie in den beiden ersten Fällen.

Aufgaben: 17. Man konstruiere ein Dreikant, für welches $b = 45^0$, $c = 60^0$ und $\alpha = 90^0$ gegeben sind.

18. Man konstruiere ein Dreikant, für welches $c = 30^0$, $\alpha = 120^0$, $\beta = 45^0$ ist, und zeichne die Projektion des dazugehörigen sphärischen Dreiecks, indem man die drei Kreisbogen projiziert, die in den drei Seitenflächen liegen.

II. Zugeordnete Normalprojektionen.

Die Konstruktionen der kotierten Normalprojektion, wie sie im ersten Kapitel entwickelt wurden, erfordern bei der Verwendung bekannter oder bei der Ermittlung gesuchter Koten die Umlegung von projizierenden Ebenen. Diese sich bei zusammengesetzteren Aufgaben häufenden Hilfskonstruktionen kann man vermeiden durch die *Einführung einer zweiten, zur ersten rechtwinkligen Projektionsebene*. Alle zur ersten Projektionsebene normalen Koten sind zur zweiten parallel und erscheinen daher in wahrer Größe in ihr.

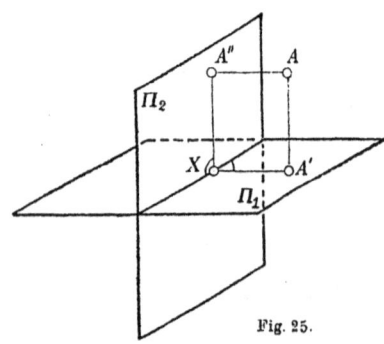

Fig. 25.

Die beiden *Projektionsebenen* seien mit Π_1 und Π_2 bezeichnet; ihre Schnittgerade werde *Projektionsachse* oder kurz *Achse* genannt und mit x bezeichnet. Meistens denkt man sich die *Projektionsebene* Π_1 *horizontal* und nennt sie dann *Grundrißebene;* die *zweite Projektionsebene* Π_2 ist dann *vertikal* und heißt *Aufrißebene*. Die beiden Projektionsebenen teilen den Raum in *vier Quadranten*, die folgendermaßen numeriert seien (*Fig.* 25):

I. Quadrant: über Π_1 und vor Π_2,
II. Quadrant: über Π_1 und hinter Π_2,
III. Quadrant: unter Π_1 und hinter Π_2,
IV. Quadrant: unter Π_1 und vor Π_2.

§ 8. Darstellung des Punktes.

Jeder Punkt A des Raumes hat zwei Projektionen A' und A'' auf die Ebenen Π_1 bzw. Π_2. A' heißt der *Grundriß*, A'' der *Aufriß* des Punktes. Die Ebene $A'A''$ enthält die beiden Projektionsstrahlen AA' und AA'', steht daher normal zu den beiden Projektionsebenen, also auch zur Projektionsachse. Schneidet sie diese im Punkt X, so sind also die Geraden $A'X$ und $A''X$ normal zu x, und der Winkel $A'XA''$ ist ein rechter. Das Viereck $A'XA''A$ ist somit ein Rechteck. Daher findet man

$$AA' = A''X, \qquad AA'' = A'X, \qquad \text{d. h.}$$

Die Entfernung eines Punktes von der Grundrißebene ist gleich der Entfernung seines Aufrisses von der Achse.

Die Entfernung eines Punktes von der Aufrißebene ist gleich der Entfernung seines Grundrisses von der Achse.

Sind also die beiden Projektionen eines Punktes bekannt, so ist die Lage desselben im Raum bestimmt; denn man kennt seine Koten bezüglich der beiden Projektionsebenen. Dabei müssen aber die beiden Projektionen eines Punktes in einer Normalebene zur Achse liegen; denn nur in diesem Fall schneiden sich die beiden in den Projektionen errichteten Projektionsstrahlen.

Um nun nicht in zwei zueinander rechtwinkligen Ebenen zeichnen zu müssen, denkt man sich die eine der beiden Projektionsebenen um die Achse in die andere umgelegt. Diese Umlegung soll stets so erfolgen, daß der *erste Quadrant geöffnet* wird. Nach der Umlegung fällt also die Aufrißebene mit der Grundrißebene zusammen. Die Strecken $A'X$ und $A''X$ fallen nach der Umlegung in eine zur Achse normale Gerade, in eine sog. *Ordnungslinie*.

Grundriß und Aufriß eines Punktes liegen in einer Ordnungslinie.

Soll aus den Projektionen eines Punktes oder eines Raumgebildes auf seine Lage im Raum geschlossen werden, so hat man sich das Zusammenlegen der beiden Projektionsebenen wieder rückgängig gemacht zu denken. Man schließt so in den *Fig. 26—28* aus den Projektionen auf die folgende Lage der dargestellten Punkte im Raum:

Fig. 26: A liegt im ersten, B im zweiten, C im dritten, D im vierten Quadranten.

Fig. 27: E und F liegen in Π_1, und zwar E vor, F hinter x; G und H liegen in Π_2, und zwar G über, H unter x; J liegt in der Achse.

24 II. Zugeordnete Normalprojektionen

Liegt ein Punkt in der Grundrißebene, so liegt sein Aufriß in der Achse, und umgekehrt.

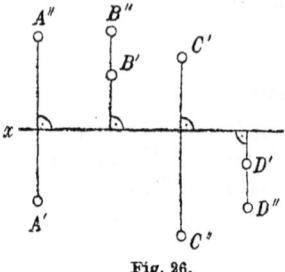

Fig. 26.

Liegt ein Punkt in der Aufrißebene, so liegt sein Grundriß in der Achse, und umgekehrt.

Fig. 28: K und L liegen in der *Halbierungsebene des ersten* bzw. des *dritten Quadranten*, weil ihre Projektionen symmetrisch zur Achse liegen, die beiden Koten jedes dieser Punkte also gleich sind. M und N liegen in der *Halbierungsebene des zweiten* bzw. *vierten Quadranten*, weil sich ihre Projektionen nach dem Zusammenlegen der Projektionsebenen decken, die beiden Koten jedes dieser Punkte also entgegengesetzt gleich sind. Diese Ebene heißt *Ko-*

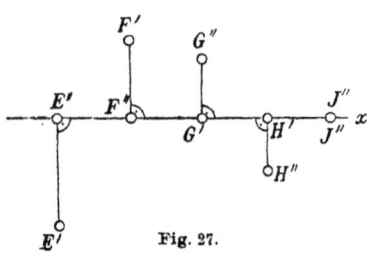

Fig. 27.

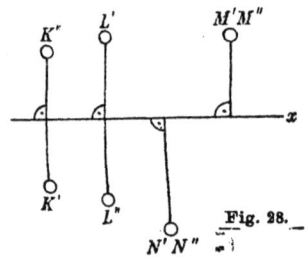

Fig. 28.

inzidenzebene, weil die beiden Projektionen aller ihrer Punkte zusammenfallen (koinzidieren).

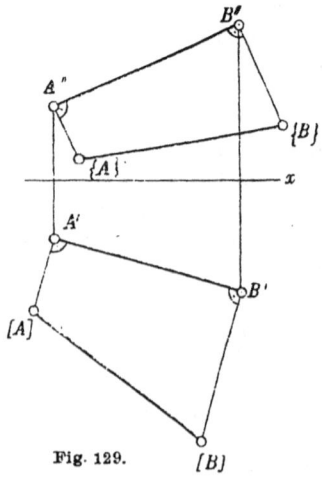

Fig. 129.

Die wahre Größe der Verbindungsstrecke zweier Punkte läßt sich auf verschiedene Arten aus den Projektionen der Punkte konstruieren:

a) Man legt das Trapez $AA'B'B$ mit der ersten projizierenden Ebene um in die Grundrißebene (*Fig. 29*). Die Koten der Punkte A und B entnimmt man dem Aufriß. Oder man legt das Trapez $AA''B''B$ mit der zweiten projizierenden Ebene um in die Aufrißebene. Die Koten von A und B entnimmt man dem Grundriß.

b) Man dreht das Trapez $AA'B'B$ um die vertikale Kote AA', bis seine Ebene parallel ist zur Aufrißebene (*Fig. 30*). Der Punkt B beschreibt bei dieser Drehung einen horizontalen Kreisbogen $B(B)$, der sich im Grundriß in wahrer Größe, im Aufriß als horizontale Strecke darstellt; $(B)'$ liegt auf dem Kreis mit dem Radius $A'B'$ und auf

Darstellung des Punktes und der Geraden 25

der Parallelen durch A' zur Achse, $(B)''$ hat die gleiche Kote wie B''. Dann ist $A''(B)''$ die wahre Länge der Strecke AB.

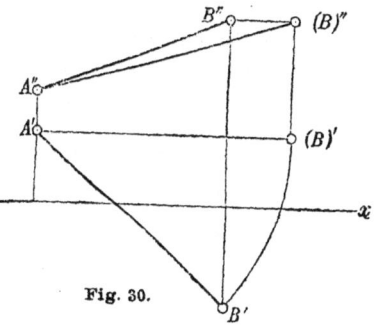

Fig. 30.

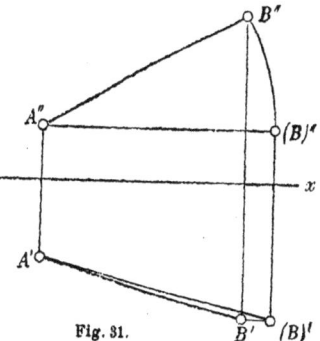

Fig. 31.

In *Fig. 31* ist in gleicher Weise das Trapez $AA''B''B$ um die horizontale Kote AA'' gedreht, bis seine Ebene zur Grundrißebene parallel ist; $A'(B)'$ ist dann die wahre Größe der Strecke AB. Zur Orientierung in der Figur denke man sich das Zeichnungsblatt als Aufrißebene und stelle es vertikal.

c) Man legt das Differenzdreieck ABC um seine horizontale Kathete AC um in die Parallelebene zur Grundrißebene. Die Kotendifferenz entnimmt man dem Aufriß (*Fig. 32*).

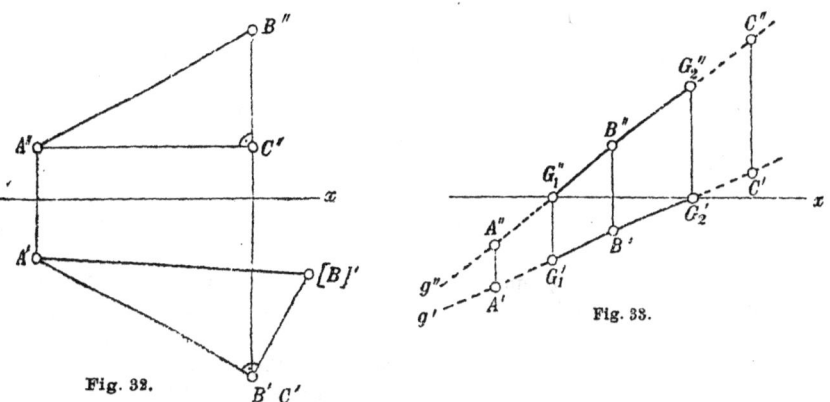

Fig. 32.

Fig. 33.

§ 9. Darstellung der Geraden.

Eine Gerade g kann entweder gegeben werden durch die Projektionen zweier ihrer Punkte oder durch ihre beiden Projektionen g' und g''. Die Gerade ist dann die Schnittlinie der beiden projizierenden Ebenen, die durch g' und g'' normal zu den Projektionsebenen gehen.

Sind in *Fig. 33* g' und g'' Grund- und Aufriß einer Geraden, so ergeben sich unmittelbar deren *Spurpunkte* G_1 und G_2. Der erste Spurpunkt G_1 liegt in Π_1, sein Aufriß G_1'' liegt also in x, ist somit der Schnittpunkt von g'' mit x. Der Grundriß G_1' liegt mit G_1'' in einer Ordnungslinie und auf g'. Es ist $G_1' \equiv G_1$.

Der zweite Spurpunkt G_2 liegt in Π_2, sein Grundriß G_2' liegt also in x, ist somit der Schnittpunkt von g' mit x. Der Aufriß G_2'' liegt mit G_2' in einer Ordnungslinie und auf g''. Es ist $G_2'' \equiv G_2$.

Die in Fig. 33 dargestellte Gerade geht, wie sich aus der Lage ihrer Spurpunkte ergibt, durch den vierten, ersten und zweiten Quadranten; A, B, C sind Punkte der Geraden, die beziehungsweise diesen Quadranten angehören.

In *Fig. 34* ist h eine zur Grundrißebene parallele Gerade, eine *erste Hauptlinie;* da alle ihre Punkte gleiche Kote bezüglich der

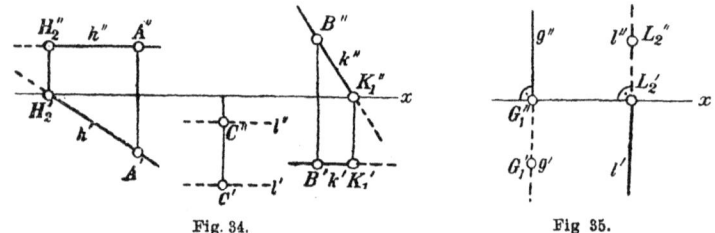

Fig. 34. Fig 35.

Grundrißebene haben, ist der Aufriß h'' parallel der Achse, während der Grundriß h' beliebig ist. Der Neigungswinkel β_2 der Geraden mit der Aufrißebene erscheint im Grundriß in wahrer Größe.

In der nämlichen Fig. 34 ist k eine zur Aufrißebene parallele Gerade, eine *zweite Hauptlinie;* da alle ihre Punkte gleiche Kote bezüglich der Aufrißebene haben, ist der Grundriß k' parallel der Achse, während der Aufriß k'' beliebig ist. Der Neigungswinkel β_1 der Geraden mit der Grundrißebene erscheint im Aufriß in wahrer Größe.

Die Gerade l der Fig. 34 ist parallel zur Achse x, da l' und l'' zur Achse parallel sind.

In *Fig 35* ist g eine zur Grundrißebene normale Gerade; ihr Grundriß g' ist ein Punkt (ihr erster Spurpunkt G_1), ihr Aufriß g'' ist normal zur Achse. Die Gerade l derselben Figur ist normal zur Aufrißebene; ihr Aufriß ist ein Punkt (ihr zweiter Spurpunkt L_2) ihr Grundriß ist normal zur Achse.

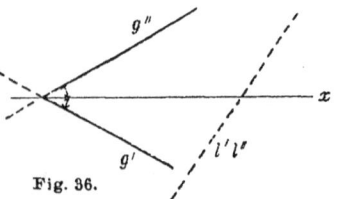

Fig. 36.

In *Fig. 36* ist g eine Gerade in der Halbierungsebene des ersten und dritten Quadranten, da g' und g'' symmetrisch liegen zur x-Achse. Die Gerade l der nämlichen Figur liegt in der Koinzidenzebene (§ 8), da l' und l'' zusammenfallen.

Darstellung der Geraden

In den Fig. 33—36 ist jeweilen von den Projektionen der Geraden als „*sichtbar*" ausgezogen, was zu dem im I. Quadranten liegenden Stück der Geraden gehört.

In *Fig. 37* ist eine Gerade g dargestellt, für die beide Projektionen zusammenfallen in einer Ordnungslinie; die Gerade liegt in einer zur x-Achse normalen Ebene (in einer sog. *doppelt-pro-*

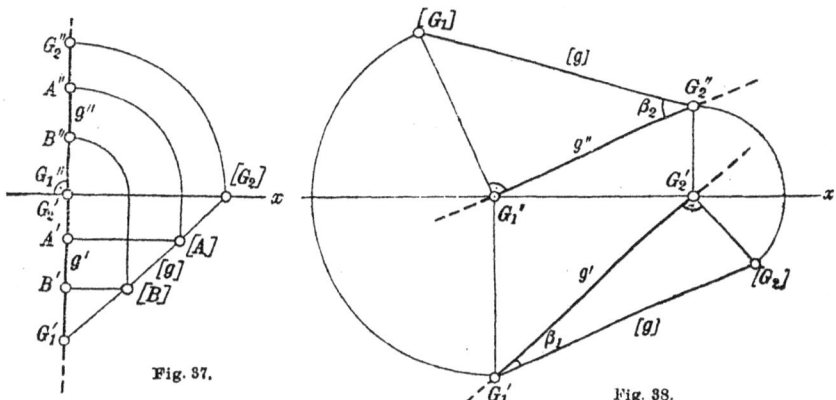

Fig. 37. Fig. 38.

jizierenden Ebene), und erfordert die Angabe der Projektionen zweier ihrer Punkte A und B zu ihrer Bestimmung. Eine Umlegung der doppelt-projizierenden Ebene, welche die Gerade enthält, liefert die beiden Spurpunkte G_1 und G_2 derselben. In der Figur erfolgte die Umlegung in die Grundrißebene, doch könnte man auch umlegen in die Aufrißebene. Bei G_1 und G_2 erscheinen die beiden Neigungswinkel β_1, β_2 der Geraden, die sich zu einem rechten Winkel ergänzen.

Überhaupt kann man, wenn die beiden Projektionen einer Geraden gegeben sind, deren Neigungswinkel mit den beiden Projektionsebenen konstruieren. Dazu bestimme man in *Fig. 38* die Spurpunkte G_1 und G_2 der Geraden. Der erste Neigungswinkel β_1 der Geraden liegt in der ersten projizierenden Ebene als Winkel der Geraden mit ihrem Grundriß. Man erhält seine wahre Größe durch Umlegung der Geraden mit dieser Ebene in die Grundrißebene, wobei der erste Spurpunkt G_1 festbleibt, die Umlegung des zweiten in die Normale aus $G_2{}'$ zu g' fällt, mit einer Kote, die man dem Aufriß entnimmt. Man findet den zweiten Neigungswinkel β_2 ebenso durch Umlegung der zweiten projizierenden Ebene in die Aufrißebene oder durch deren Drehung in die Grundrißebene.

Aufgaben: 19. Man stelle eine Gerade dar, die durch den zweiten, dritten und vierten Quadranten geht, konstruiere ihre Spurpunkte und mache sich die Lage der Geraden im Raum klar.

20. Man bestimme die Schnittpunkte einer durch ihre Projek-

tionen gegebenen Geraden mit der Halbierungsebene des ersten und dritten Quadranten und mit der Koinzidenzebene.

21. Man zeichne die Projektionen einer Geraden, die zu der einen oder anderen Halbierungsebene parallel ist.

22. Man beweise, daß die Summe der beiden Neigungswinkel einer Geraden mit den Projektionsebenen kleiner als ein rechter Winkel ist, und nur dann gleich einem rechten Winkel, wenn die Gerade in einer doppelt-projizierenden Ebene liegt.

§ 10. Darstellung der Ebene.

Eine Ebene ist bestimmt durch drei nicht in einer Geraden liegende Punkte, oder durch eine Gerade und einen nicht in ihr lie-

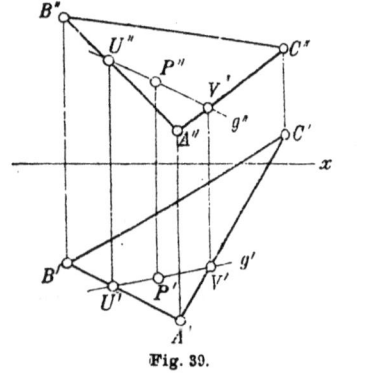
Fig. 39.

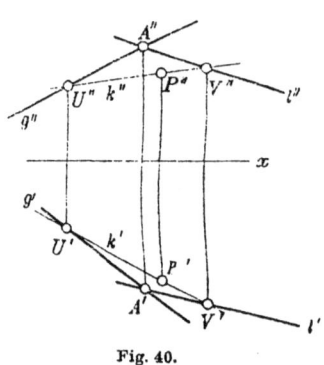
Fig. 40.

genden Punkt, oder durch zwei sich schneidende Geraden oder durch zwei zueinander parallele Geraden.

Ist in *Fig. 39* eine Ebene E gegeben durch die drei Punkte A, B, C, so ist jeder weitere Punkt P der Ebene bestimmt durch die eine seiner Projektionen, z. B. den Grundriß P'. Man konstruiert den zugehörigen Aufriß P'', indem man eine Hilfsgerade g der Ebene durch den Punkt legt, deren Grundriß man beliebig durch P' zieht. Diese Hilfsgerade schneidet die Seiten des Dreiecks ABC. Aus den Grundrissen zweier dieser Schnittpunkte (z. B. der Punkte U und V auf AB bzw. AC) findet man die Aufrisse in den Ordnungslinien und damit den Aufriß g'' der Hilfsgeraden. P'' liegt auf g'' und in der Ordnungslinie durch P'.

In *Fig. 40* sei eine Ebene gegeben durch zwei sich schneidende Geraden g und l. Zwei durch ihre Projektionen gegebene Geraden schneiden sich, wenn der Schnittpunkt ihrer Grundrisse in einer Ordnungslinie liegt mit dem Schnittpunkt ihrer Aufrisse; andernfalls sind die Geraden zueinander windschief. Ist P'' der Aufriß eines beliebigen Punktes der Ebene, so wähle man wieder eine Hilfsgerade k in der Ebene durch P, deren Aufriß beliebig durch

P'' gezogen wird, und konstruiere deren Grundriß mit Hilfe ihrer Schnittpunkte U und V mit g bzw. l.

Eine noch einfachere Konstruktion wird möglich, wenn die Ebene gegeben ist durch eine Gerade g und einen außerhalb derselben liegenden Punkt A (*Fig. 41*). Ist P' gegeben als der Grundriß eines Punktes der Ebene, so bestimmt man P'' mit Hilfe der Geraden PA, die g in U schneiden möge. P'' liegt auf $U''A''$.

Die Lage einer Ebene im Projektionssystem wird besonders leicht vorstellbar, wenn man ihre *Spuren* mit den Projektionsebenen kennt. Man konstruiert die Spuren einer gegebenen Ebene, indem man die Spurpunkte zweier ihrer Geraden ermittelt. In *Fig. 42* sei die Ebene gegeben durch zwei sich schneidende Geraden, in *Fig. 43* durch zwei zueinander parallele Geraden. Die erste Spur

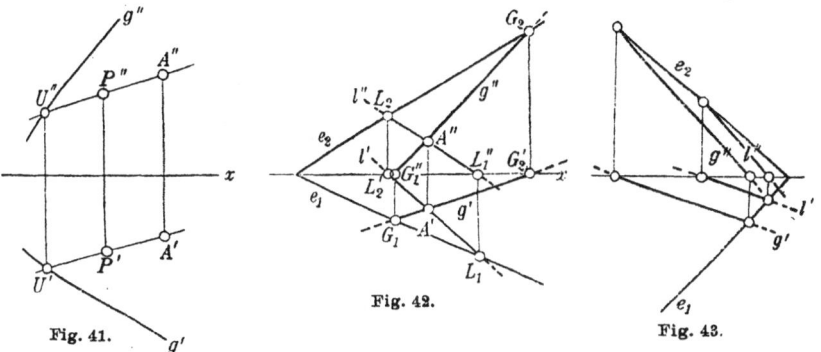

Fig. 41. Fig. 42. Fig. 43.

e_1 ist die Verbindungsgerade der ersten Spurpunkte G_1 und L_1, die zweite Spur e_2 die Verbindungsgerade der zweiten Spurpunkte G_2 und L_2. Man verwendet also den Satz (§ 1):

Liegt eine Gerade in einer Ebene, so liegen die Spurpunkte der Geraden in den gleichnamigen Spuren der Ebene. —

Die beiden Spuren einer Ebene müssen sich auf der Projektionsachse schneiden, da die Schnittgeraden dreier Ebenen zu je zweien durch den Schnittpunkt der drei Ebenen gehen.

Der Schnittpunkt der Spuren ist also der Schnittpunkt der Ebene mit der Projektionsachse.

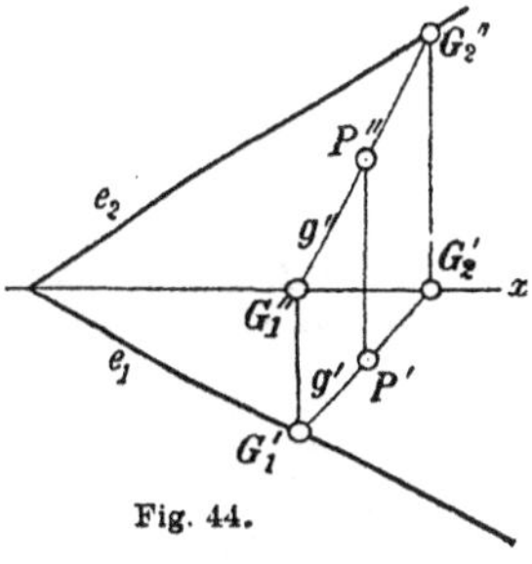

Man kann eine Ebene insbesondere auch durch ihre Spuren geben.

Sind in *Fig. 44* e_1 und e_2 die Spuren einer Ebene E, so konstruiert man den Aufriß eines Punktes P der Ebene aus seinem gegebenen Grundriß, indem man wieder eine Hilfsgerade g durch den Punkt und in der Ebene wählt. Der Grundriß g' ist eine beliebige Gerade durch P', den Aufriß g'' konstruiert man mittels der beiden Spurpunkte G_1 und G_2,

Fig. 44.

deren Grundrisse auf e_1 bzw. auf x liegen, deren Aufrisse aber auf x bzw. auf e_2 liegen müssen.

Besonders vorteilhaft ist die Verwendung einer der beiden *Hauptlinien* des zu bestimmenden Punktes:

In *Fig. 45* ist die erste Hauptlinie h des Punktes als Hilfsgerade verwendet worden. h' geht durch P' und ist parallel zu e_1, h'' geht durch H_2'' und ist parallel zur x-Achse.

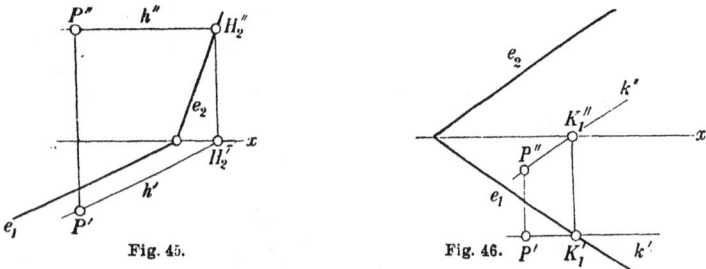

Fig. 45.   Fig. 46.

In *Fig. 46* ist die zweite Hauptlinie verwendet worden. k' geht durch P' und ist parallel zur x-Achse, k'' geht durch K_1'' und ist parallel zu e_2. —

Man findet die *Neigungswinkel* einer gegebenen Ebene gegen die Projektionsebenen, indem man den Neigungswinkel einer ersten bzw. zweiten *Spurnormale* konstruiert.

In *Fig. 47* ist zur Konstruktion des ersten Neigungswinkels α_1 eine erste Spurnormale f_1 verwendet worden; f' ist eine beliebige Normale zu e_1, f'' würde man finden mittels der beiden Spurpunkte F_1 und F_2, deren erste Projektionen man auf e_1 bzw. x findet, deren zweite Projektionen auf x bzw. auf e_2 liegen. Den Neigungswinkel α_1 von f mit Π_1 konstruiert man wie in § 9 durch Umlegung der ersten projizierenden Ebene in die Grundrißebene oder durch deren Umklappung in die Aufrißebene.

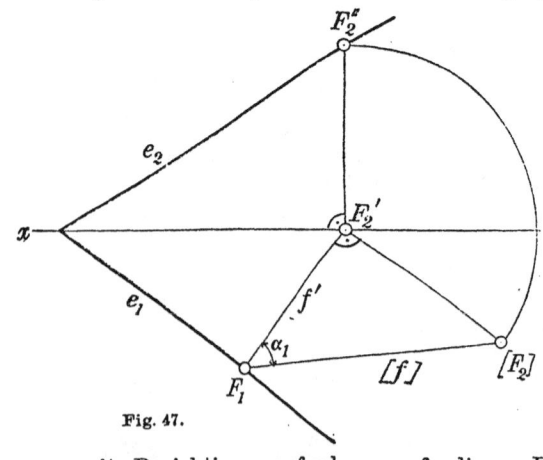

Fig. 47.

In *Fig. 48* ist der zweite Neigungswinkel α_2 der Ebene konstruiert durch Verwendung einer zweiten Spurnormalen g.

In *Fig. 49* sind zwei *Hauptebenen* dargestellt: die zweite Spur e_2 einer ersten Hauptebene, d. h. einer zu Π_1 parallelen Ebene E

Darstellung der Ebene 31

ist parallel zu x, die erste ist unendlich fern; die erste Spur f_1 einer zweiten Hauptebene, d. h. einer zu Π_2 parallelen Ebene Φ ist parallel zu x, die zweite ist unendlich fern.

In *Fig. 50* sind drei Ebenen dargestellt, die zu einer oder zu beiden Projektionsebenen normal sind. Die Ebene Δ ist normal zu Π_1, weil ihre zweite Spur d_2 normal ist zur x-Achse, während die erste Spur d_1 beliebig ist. Die Ebene E ist normal zu Π_2, weil ihre erste Spur e_1 normal ist zur x-Achse, während die zweite Spur e_2 beliebig ist. Die Ebene Φ ist zu beiden Projektionsebenen normal; (doppeltprojizierend), weil ihre beiden Spuren f_1 und f_2 normal sind zur x-Achse.

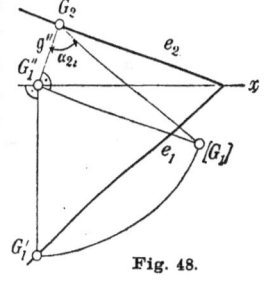

Fig. 48.

In *Fig. 51* ist eine zur x-Achse parallele Ebene dargestellt; ihre Spuren sind parallel zur x-Achse, so daß der Schnittpunkt der Ebene mit der Achse unendlichfern ist. Für eine solche Ebene ist eine erste Spurnormale f zugleich eine zweite Spurnormale, so daß sich die beiden Neigungswinkel der Ebene zu einem rechten Winkel ergänzen.

Aufgaben: 23. Eine Ebene sei gegeben durch drei Punkte A, B und C, von denen A in der x-Achse, B im zweiten und C im dritten Quadranten liegen möge; man konstruiere die Projektionen eines vierten Punktes der Ebene und deren Spuren.

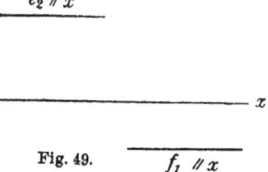

Fig. 49.

24. Eine Ebene sei gegeben durch zwei parallele Geraden; man konstruiere den Grundriß eines Punktes derselben, wenn der Aufriß gegeben ist, und zwar durch Verwendung einer ersten oder zweiten Hauptlinie der Ebene.

25. Eine Ebene sei bestimmt durch die erste und die zweite Hauptlinie eines Punktes A; man konstruiere ihre Spuren.

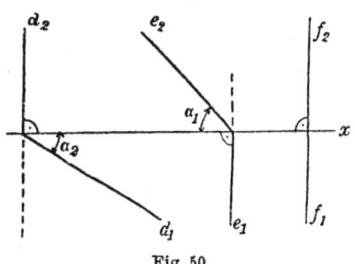

Fig. 50.

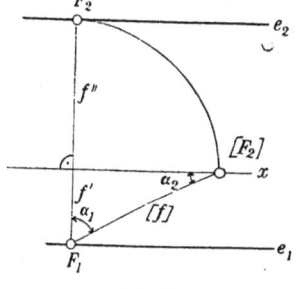

Fig. 51.

26. Von einer Ebene kennt man zwei zur x-Achse parallele Geraden; man konstruiere ihre Spuren.

27. Eine Ebene sei bestimmt durch ihre erste Spur und durch

32　II. Zugeordnete Normalprojektionen

ihren Neigungswinkel mit der ersten Projektionsebene; man konstruiere die zweite Spur der Ebene und ihren zweiten Neigungswinkel.

28. Man konstruiere die beiden Ebenen, die den ersten Neigungswinkel einer gegebenen Ebene halbieren.

29. Man bestimme die beiden Neigungswinkel einer Ebene, welche einen gegebenen Punkt A mit der Projektionsachse verbindet.

30. Man beweise, daß die Summe der beiden Neigungswinkel einer Ebene stets größer ist als ein rechter Winkel, und nur gleich einem rechten Winkel, wenn die Ebene zur Projektionsachse parallel ist.

§ 11. Fundamentale Schnittaufgaben.

a) *Schnittgerade zweier Ebenen.* Sind die beiden Ebenen gegeben durch ihre Spuren, so findet man ihre Schnittgerade durch die Bemerkung:

Die Spurpunkte der Schnittgeraden zweier Ebenen sind die Schnittpunkte der gleichnamigen Spuren beider.

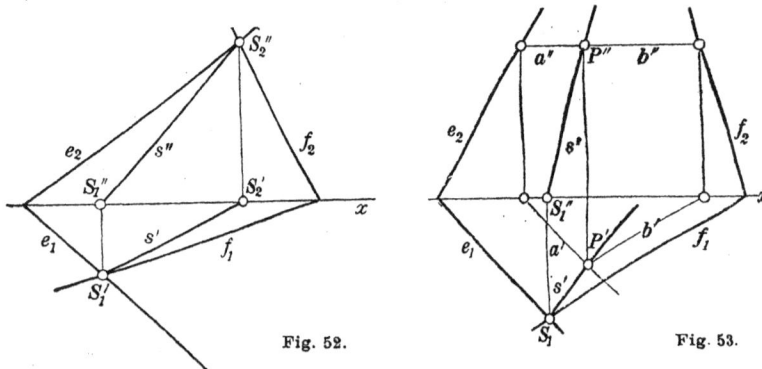

Fig. 52.　　　Fig. 53.

Denn da die Schnittgerade in beiden Ebenen liegt, müssen ihre Spurpunkte in den gleichnamigen Spuren beider Ebenen liegen. Sind also in *Fig. 52* zwei Ebenen E und Φ gegeben durch die Spuren e_1, e_2 und f_1, f_2, so ist der Schnittpunkt von e_1 und f_1 der erste Spurpunkt S_1 der Schnittgeraden s, und hat seinen Aufriß in der x-Achse, und der Schnittpunkt von e_2 und f_2 ist der zweite Spurpunkt S_2, und hat seinen Grundriß in der x-Achse. Dann ist $s' \equiv S_1' S_2'$, $s'' \equiv S_1'' S_2''$.

Erweist sich einer dieser Spurpunkte als unzugänglich, indem er außerhalb der verfügbaren Zeichnungsfläche fällt, so verwendet man eine erste oder zweite Hauptebene als Hilfsebene, mit der man die beiden gegebenen Ebenen schneidet. So ist in *Fig. 53* angenommen, daß der Schnittpunkt der zweiten Spuren außerhalb des Zeichnungsblattes falle; eine erste Hauptebene schneidet die Ebenen in den Geraden a und b, deren Schnittpunkt P ein Punkt der

Fundamentale Schnittaufgaben 33

Schnittgeraden beider Ebenen ist. In *Fig. 54* ist statt einer ersten Hauptebene eine zweite zur Anwendung gebracht. In *Fig. 55*

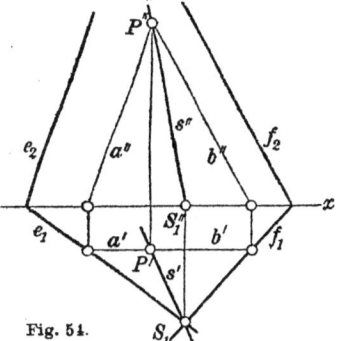

Fig. 54.

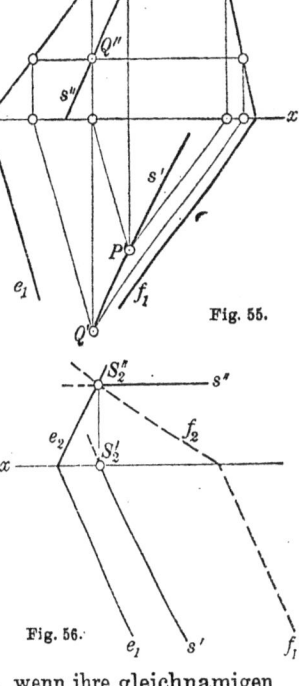

Fig. 55.

fallen beide Spurpunkte außerhalb des Blattrandes; die Wahl zweier, zur ersten Projektionsebene parallelen Hilfsebenen liefert zwei Punkte P und Q der gesuchten Schnittgeraden.

Die Schnittgerade zweier Ebenen wird zur ersten oder zur zweiten Projektionsebene parallel, wenn die ersten bzw. zweiten Spuren der beiden Ebenen zueinander parallel sind, die beiden anderen Spuren sich aber schneiden. Die *Fig. 56* und *57* stellen diese beiden Fälle dar; die Schnittgerade hat die gleiche Richtung wie die beiden zueinander parallelen Spuren.

Fig. 56.

Zwei Ebenen sind zueinander parallel, wenn ihre gleichnamigen Spuren zueinander parallel sind. (*Fig. 58*).

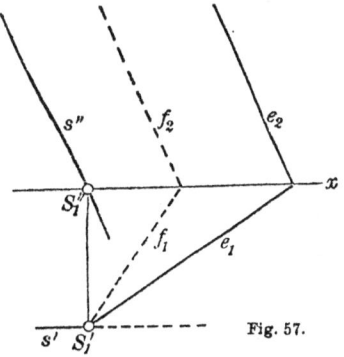

Fig. 57.

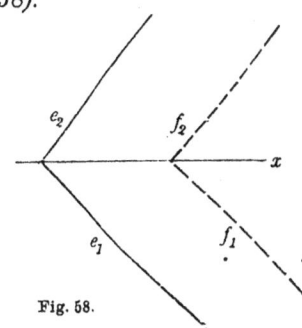

Fig. 58.

Sind die beiden Ebenen, deren Schnittgerade man konstruieren will, nicht durch die Spuren gegeben, so erfolgt die Konstruktion

34 II. Zugeordnete Normalprojektionen

mittels der nächsten Fundamentalaufgabe, wie weiter unten auseinandergesetzt ist (*Fig. 60*).

b) *Schnittpunkt einer Geraden mit einer Ebene.* Man bestimmt den Schnittpunkt einer Geraden mit einer Ebene, indem man durch die Gerade eine *Hilfsebene* legt, die aus der Ebene eine Gerade schneidet, deren Schnittpunkt mit der gegebenen Geraden der gesuchte Punkt ist.

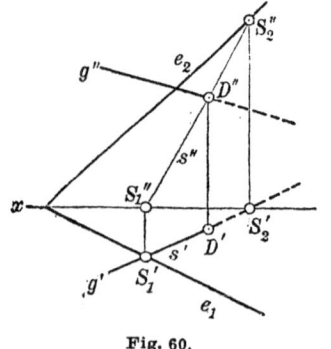

Fig. 59.

Ist die Ebene E gegeben durch ihre Spuren e_1, e_2 (*Fig. 59*), die Gerade g durch ihre Projektionen g', g'', so gehen die Spuren jeder Hilfsebene Φ durch die gleichnamigen Spurpunkte der Geraden g. Man bestimmt die Schnittgerade s dieser Hilfsebene mit der gegebenen Ebene, wie oben entwickelt, und erhält die Projektionen des Schnittpunktes D der Geraden g mit der Ebene E.

Vorteilhaft ist die Verwendung der ersten oder zweiten projizierenden Ebene der Geraden g als Hilfsebene (*Fig. 60* und *61*.)

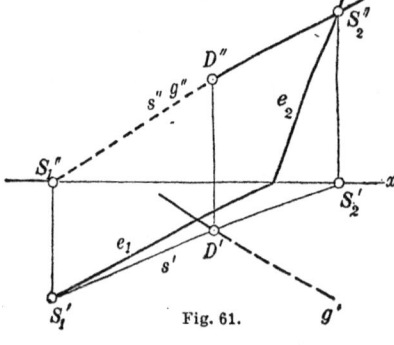

Fig. 60.   Fig. 61.

In *Fig. 62* ist die Gerade g zu schneiden mit einer Ebene, die durch die drei Punkte ABC gegeben ist, von der also die Spuren nicht bekannt sind. Die erste projizierende Ebene der Geraden schneidet aus der Ebene ABC eine Gerade s, deren Grundriß mit g' zusammenfällt („*Deckgerade*"), deren Aufriß bestimmt wird durch die Aufrisse ihrer Schnittpunkte U und V mit zwei Seiten des Dreiecks ABC. Dann bestimmt s'' auf g'' die zweite Projektion des gesuchten Schnittpunktes D, aus welcher sich die erste ergibt.

In *Fig. 63* ist eine Ebene gegeben durch zwei sich schneidende Geraden k und l und ist zum Schnitt zu bringen mit der Ge-

Fundamentale Schnittaufgaben 35

raden g. Zur Verwendung kam die zweite projizierende Ebene der Geraden g, die aus der Ebene beider Geraden eine Deckgerade s schneidet, deren Schnittpunkt mit g der gesuchte Punkt D ist.

Nach dieser Methode ist in *Fig. 64* der Schnitt eines Dreiecks ABC mit einem Parallelogramm $DEFG$ konstruiert; man hat den Schnittpunkt U der Geraden AB mit der Ebene des Parallelogramms und hierauf den Schnittpunkt V der Geraden DE mit der Ebene des Dreiecks konstruiert.

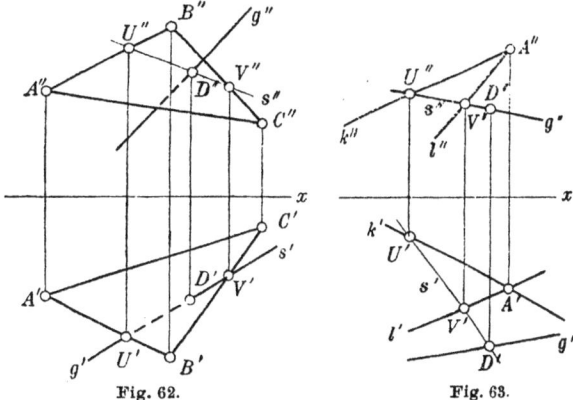

Fig. 62.   Fig. 63.

Aufgaben: 31. Man bestimme den Schnittpunkt dreier Ebenen, die durch ihre Spuren gegeben sind.

32. Gegeben zwei Ebenen durch ihre Spuren und ein außerhalb beider liegender Punkt; man bestimme die Spuren der Ebene, die diesen Punkt verbindet mit der Schnittgeraden der beiden Ebenen.

33. Man bestimme die Schnittgerade von zwei zur Projektionsachse parallelen Ebenen (durch Einführung einer dritten Ebene als Hilfsebene).

34. Man bestimme den Schnittpunkt einer gegebenen Geraden mit einer zur Projektionsachse parallelen Ebene.

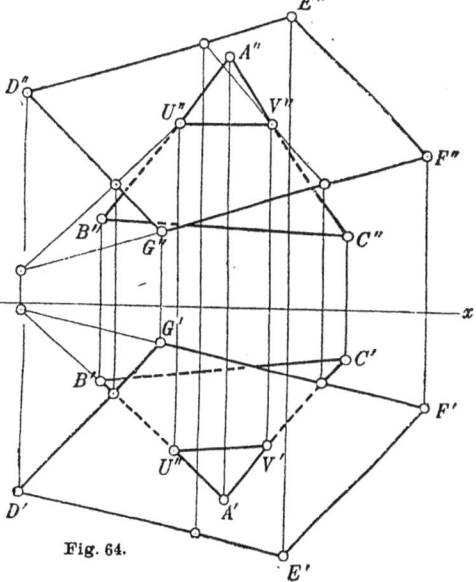

Fig. 64.

35. Man bestimme den Schnittpunkt einer zur Grundrißebene normalen Geraden mit der Ebene eines schiefliegenden Dreiecks.

36. Man konstruiere die Schnittpunkte einer gegebenen Geraden mit einem unregelmäßigen Tetraeder.

§ 12. Zugeordnete Projektionen ebener Figuren.

Kennt man die Ebene einer Figur, so ist diese bestimmt durch die eine ihrer Projektionen; die andere kann dann gefunden werden, indem man die zweiten Projektionen der Seiten und Ecken der Figur aus den gegebenen ersten Projektionen konstruiert. So ist in *Fig. 65* eine Ebene gegeben durch ihre Spuren, ein Fünfeck $ABCDE$ dieser Ebene durch seinen Grundriß. Man konstruiert am besten die Aufrisse der Seiten, indem man die Aufrisse der Spurpunkte derselben, deren Grundrisse man kennt, ermittelt. So ist der erste Spurpunkt S_1 der Geraden AB der Schnittpunkt von $A'B'$ mit der ersten Spur e_1 und hat seinen Aufriß in x, der zweite Spurpunkt S_2 hat seinen Grundriß auf $A'B'$ und x, seinen Aufriß in der zweiten Spur e_2, usw. Die Konstruktion muß der Genauigkeitsprobe unterliegen, daß die beiden Projektionen der Ecken in einer Ordnungslinie liegen müssen.

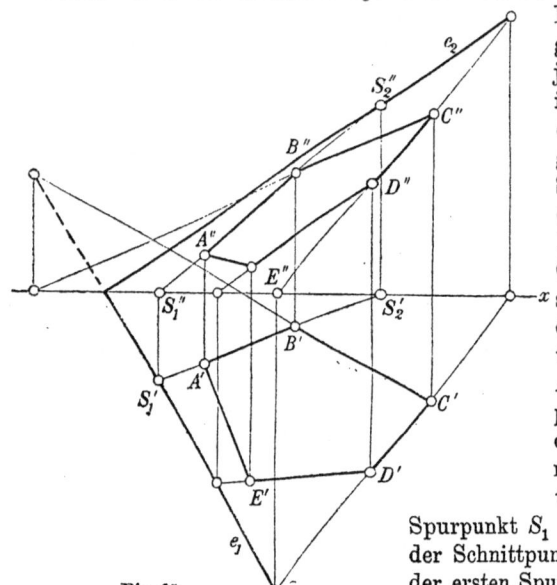

Fig. 65.

Man kann aber die zusammengehörigen Projektionen einer ebenen Figur auch bestimmen, ohne die Spuren der Ebene zu kennen oder zu benützen.

In *Fig. 66* sei ein ebenes Vieleck $ABCD$ gegeben durch den Grundriß aller und den Aufriß dreier Ecken; man vervollständige den Aufriß.

A, B, C seien die drei Ecken, deren beide Projektionen man kennt, D' sei der Grundriß eines weiteren Punktes der Ebene ABC. Dann müssen sich die Geraden AB und CD schneiden, da sie in der nämlichen Ebene liegen sollen; ist also U' der Schnittpunkt ihrer Grundrisse, so liegt U'' auf

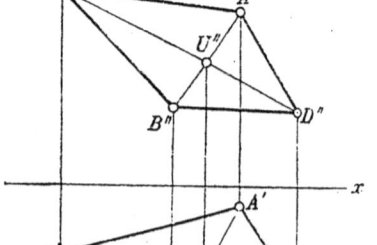

Fig. 66.

der Ordnungslinie durch U' und auf $A''B''$, und $C''D''$ muß durch U'' gehen.

Zwischen den beiden Projektionen einer ebenen Figur besteht demnach ein Zusammenhang, da jedem Punkt der einen Projektion ein Punkt der anderen zugeordnet ist, jeder Geraden der einen Projektion eine Gerade der anderen gesetzmäßig entspricht. Die

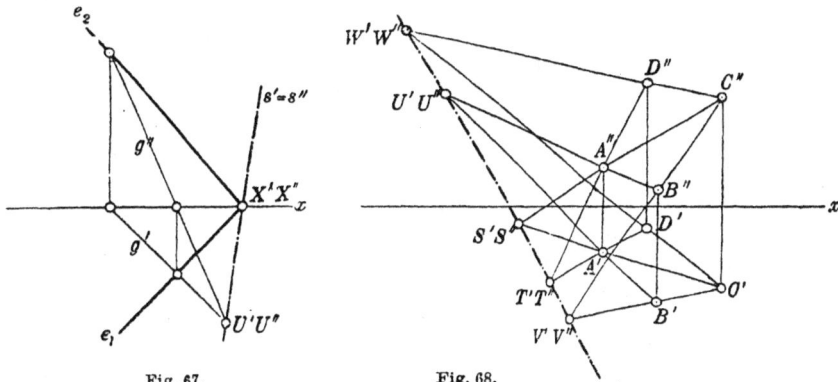

Fig. 67. Fig. 68.

geometrischen Gesetze dieser Verwandtschaft ergeben sich durch die folgende Überlegung:

Wird die eine Projektionsebene in die andere umgelegt, so fallen die beiden Projektionen aller Punkte der Halbierungsebene des zweiten und vierten Quadranten, der sog. Koinzidenzebene, zusammen (§ 8). Hieraus folgt, daß der Schnittpunkt der beiden Projektionen einer Geraden der Grundriß und zugleich der Aufriß ihres Schnittpunktes mit der Koinzidenzebene ist. Für sämtliche Geraden einer Ebene müssen diese Koinzidenzpunkte in *einer* Geraden liegen, ihrer Schnittgeraden mit der Koinzidenzebene. Es ergibt sich also der Satz:

Die beiden Projektionen aller Geraden einer Ebene schneiden sich in Punkten, die in einer Geraden liegen, der Koinzidenzgeraden der Ebene.

Ist in *Fig. 67* eine Ebene gegeben durch ihre Spuren e_1, e_2, so geht die Koinzidenzgerade $s' \equiv s''$ durch den Schnittpunkt X der Ebene mit der x-Achse und durch den Schnittpunkt U der beiden Projektionen irgendeiner Geraden der Ebene.

Demnach besteht zwischen den beiden Projektionen einer ebenen Figur folgende Verwandtschaft:

1. Jedem Punkt A' der einen Projektion entspricht ein Punkt A'' der anderen; entsprechende Punkte liegen auf parallelen Ordnungsstrahlen.

2. Jeder Geraden g' der einen Projektion entspricht eine Gerade g'' der anderen; entsprechende Geraden schneiden sich in der Koinzidenzgeraden.

38 II. Zugeordnete Normalprojektionen

Nach der Definition in § 3 kann man also sagen:

Die beiden Projektionen einer ebenen Figur sind affin. Die Affinitätsachse ist die Koinzidenzgerade der Ebene, die Affinitätsrichtung ist die Richtung der Ordnungslinien.

Diese affine Verwandtschaft wird konstruktiv verwendbar, wenn man ihre Achse und ein Paar entsprechender Punkte kennt. Ist in *Fig. 68* eine Ebene gegeben durch die Punkte A, B und C, so bringe man die beiden Projektionen der Geraden AB, BC und CA miteinander zum Schnitt; diese drei Punkte müssen in einer Geraden liegen, der Koinzidenzgeraden $s' \equiv s''$ der Ebene. Wenn also D' der Grundriß eines weiteren Punktes der Ebene ist, so müssen sich $C'D'$ und $C''D''$ auf der Affinitätsachse schneiden, wodurch D'' bestimmbar wird.

Aufgaben: 37. In einer durch ihre Spuren gegebenen Ebene liegt eine Ellipse, deren Grundriß ein gegebener Kreis ist; man konstruiere den Aufriß.

38. Man kennt den Aufriß eines Vierecks, das in einer gegebenen, zur Projektionsachse parallelen Ebene liegt; man konstruiere den Grundriß.

39. Man bestimme die Spuren einer Ebene, die durch einen gegebenen Punkt geht und zur Koinzidenzebene parallel ist.

40. Eine Ebene sei gegeben durch einen Punkt und durch ihre Koinzidenzgerade; man konstruiere ihre Spuren.

§ 13. Wahre Gestalt und Größe ebener Figuren.

Ist eine ebene Figur gegeben durch ihre Projektionen, so ergibt sich ihre wahre Gestalt und Größe durch *Umklappung* ihrer Ebene um die eine ihrer Spuren in die eine der Projektionsebenen oder um eine Hauptlinie in eine Hauptebene. Die Durchführung dieser Konstruktionsmethode sei durch die folgenden Beispiele erläutert.

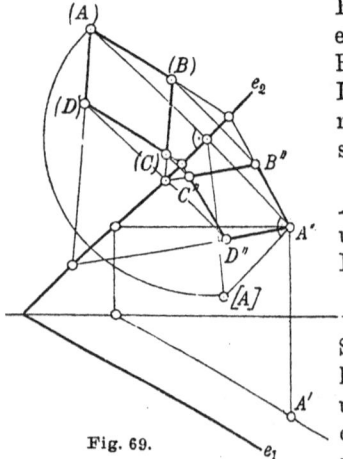

Fig. 69.

a) In *Fig. 69* sei ein Parallelogramm $ABCD$ gegeben durch seinen Aufriß und durch die Spuren seiner Ebene. Zur Bestimmung der Affinität, die nach § 4 zwischen dem Aufriß und der Umklappung der Figur um die zweite Spur in die Aufrißebene bestehen muß, konstruiere man den Grundriß der Ecke A und die Umklappung dieses Punktes in die Aufrißebene. (A) fällt in die Normale aus A'' zur Drehachse e_2 und ergibt sich nach der Bestimmung der wahren Größe des Drehradius. Ist die Affinität solchergestalt bestimmt, so konstruiert man die

Umklappungen der Seiten und Ecken des Parallelogramms unter Verwendung dieser Verwandtschaft.

b) Die Umklappung kann auch erfolgen um eine Hauptlinie in eine Hauptebene. So ist in
Fig. 70 das Parallelogramm $ABCD$, dessen Projektionen gegeben sind, umgeklappt worden um die erste Hauptlinie des Punktes A, bis seine Ebene zusammenfällt mit der ersten Hauptebene dieses Punktes. Die wahre Größe des Drehradius der Ecke B ergibt sich aus dem Differenzendreieck dieser Strecke. Die Affinität zwischen Grundriß und Umklappung ist bestimmt durch die Achse h' und das Paar $B'(B)'$.

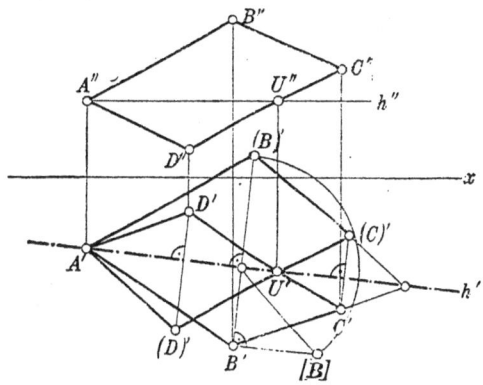

Fig. 70.

In *Fig. 71* sind die Projektionen eines Kreises konstruiert, von dem man den Mittelpunkt M, die Ebene und den Radius kennt: die Ebene ist gegeben durch die beiden Hauptlinien h und k des Mittelpunktes.

Man findet den Grundriß des Kreises durch die Umklappung seiner Ebene um die Hauptlinie h in die erste Hauptebene von M. Zur Bestimmung der Affinität konstruiere man die Umklappung eines beliebigen Punktes U der zweiten Hauptlinie k. Die Affinitätsachse h' fällt dann zusammen mit der großen Achse $A'B'$ der Grundrißellipse. Mittels

Fig. 71.

der Affinität bestimme man die Grundrisse der beiden Schnittpunkte E und F der Hauptlinie k mit dem Kreis, ferner die kleine Achse $C'D'$ und weitere Punkte und Tangenten der Ellipse.

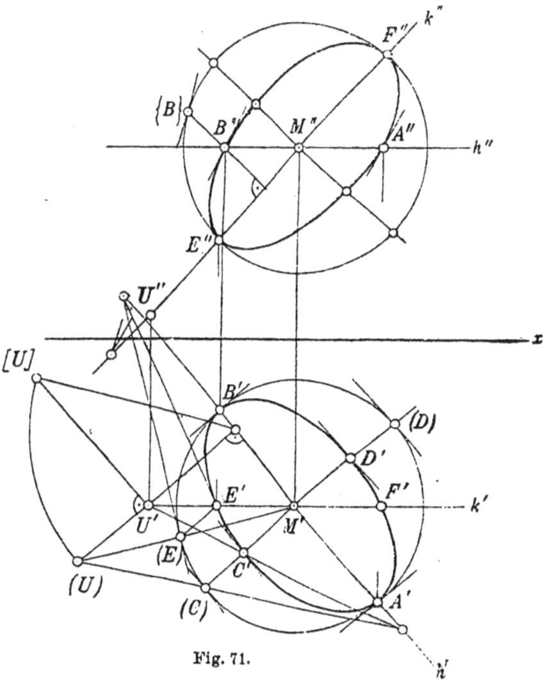

Der Aufriß des Kreises könnte gefunden werden durch Benützung der Affinität, die zwischen den beiden Projektionen besteht (§ 12). Zweckmäßiger ist auch für diese Projektion die Umklappung des Kreises um die zweite Hauptlinie k in die zweite Hauptebene des Mittelpunktes M. Aus dem Aufriß des Punktes B der Hauptlinie h findet man nämlich sofort dessen Umklappung $\{B\}$ auf dem umgeklappten Kreis, so daß die Affinität bestimmt ist durch die Achse k'' und ein Paar. Dadurch kann man weitere Punkte und Tangenten der Aufrißellipse finden.

Aufgaben: 41. Man bestimme die wahre Größe des Winkels, den die beiden Spuren einer gegebenen Ebene miteinander bilden.

42. Gegeben seien drei Punkte: A in der Grundriß-, B in der Aufrißebene und C in der x-Achse. Man konstruiere die wahre Gestalt des durch sie bestimmten Dreiecks.

43. Gegeben seien die Projektionen eines Parallelogramms; man konstruiere die wahre Größe des Winkels seiner Diagonalen.

44. Gegeben sei eine Strecke durch die Projektionen ihrer Endpunkte; man stelle den Kreis dar, der diese Strecke als Durchmesser hat und dessen Ebene zur Projektionsachse parallel ist.

45. Man kennt die Projektionen von zwei sich schneidenden Geraden, deren Ebene zu keiner der Projektionsebenen parallel ist; man konstruiere die wahre Größe ihres Winkels und zeichne die Projektionen der Halbierungsgeraden desselben.

46. Man bestimme die Entfernung eines Punktes von einer ihn nicht enthaltenden Geraden durch Umklappung der Verbindungsebene beider.

§ 14. Normalstellung von Ebene und Gerade.

Nach § 2 gilt der Satz:

Ist eine Gerade zu einer Ebene normal, so sind die Projektionen der Geraden normal zu den gleichnamigen Spuren der Ebene, und umgekehrt.

In *Fig. 72* ist also die Gerade n normal zur Ebene E, weil ihr

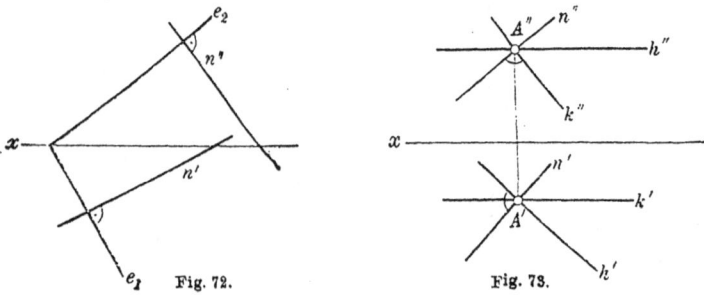

Fig. 72.   Fig. 73.

Grundriß n' normal ist zur ersten Spur e_1 der Ebene, ihr Aufriß n'' normal zur zweiten Spur e_2.

In *Fig. 73* ist die Gerade n normal zur Ebene E, die durch die

Normalstellung von Ebene und Gerade 41

beiden Hauptlinien h und k gegeben ist, weil n' normal ist zu h' und n'' normal zu k''.

Dieser Satz gelangt in den folgenden Aufgaben zur Anwendung:

a) *Entfernung eines Punktes von einer Ebene.* In *Fig. 74* sei

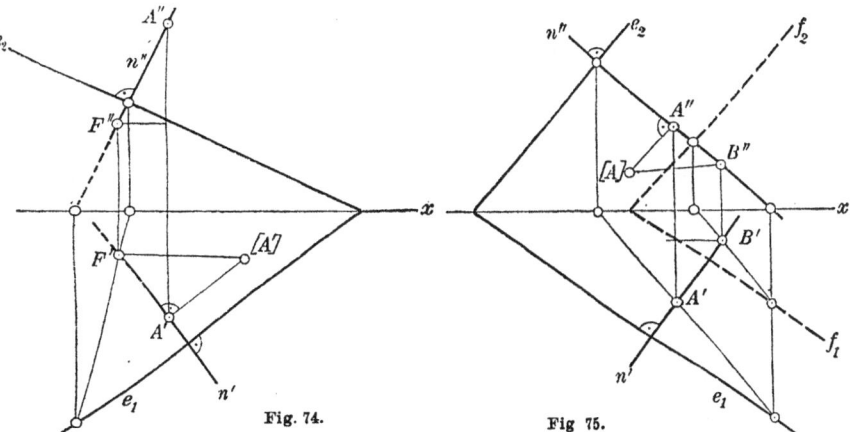

Fig. 74. **Fig 75.**

E die durch ihre Spuren gegebene Ebene, A der nicht in ihr enthaltene Punkt. Die Aufgabe wird gelöst, indem man die Normale aus dem Punkt auf die Ebene fällt und deren Schnittpunkt mit der Ebene konstruiert; die Entfernung des Punktes von der Ebene ist dann seine Entfernung von diesem Punkt. Zur Durchführung dieses Konstruktionsgedankens zeichne man die Projektionen n' und n'' der Normalen, rechtwinklig zu den Spuren e_1 bzw. e_2 der Ebene. Hierauf bestimme man die Projektionen des Schnittpunktes F der Normalen n mit der Ebene E und endlich die wahre Größe der Strecke AF.

b) *Entfernung von zwei zueinander parallelen Ebenen.* Diese Aufgabe wird in *Fig. 75* gelöst, indem man eine gemeinsame Normale n der beiden Ebenen E und Φ mit diesen Ebenen in A bzw. B schneidet und die wahre Größe der Strecke AB bestimmt.

c) *Normalebene durch einen Punkt zu einer Geraden.* Ist in *Fig. 76* A der gegebene Punkt, g die gegebene Gerade, so kennt man die Richtung der Spuren der gesuchten Ebene. Man kann daher die erste Hauptlinie h der Ebene durch den Punkt darstellen:

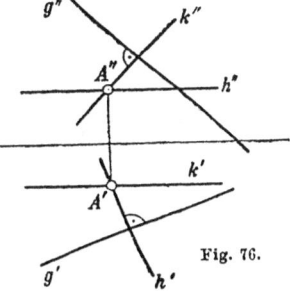

Fig. 76.

h' geht durch A' und ist normal zu g', h'' geht durch A'' und ist parallel zur x-Achse. Ebenso kann man die Projektionen der zweiten Hauptlinie k der gesuchten Ebene bestimmen.

d) *Kürzester Abstand zweier windschiefer Geraden.* Sind g und l zwei windschiefe Geraden, so konstruiert man ihren kürzesten Abstand, indem man durch die eine Gerade l die Parallelebene zur andern legt und von einem beliebigen Punkt P der Geraden g

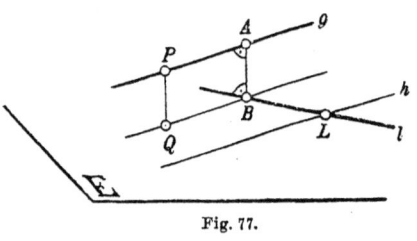

Fig. 77.

die Normale n auf diese Hilfsebene fällt, die sie im Punkte Q treffen möge; die Strecke PQ ist der Größe nach der gesuchte Abstand, kann aber noch so verschoben werden, daß sie auch die andere Gerade l schneidet. Dabei bewegt sich der Punkt Q auf einer Parallelen zu g, bis er in B auf die Gerade l fällt; ist dann A die neue Lage des Punktes P, so stellt AB den kürzesten Abstand der beiden Geraden nach Größe und Lage dar und steht zu beiden Geraden normal (vgl. die anschauliche *Fig. 77*).

Die Durchführung dieses Konstruktionsgedankens enthält *Fig. 78*. Die beiden durch ihre Projektionen gegebenen Geraden g und l

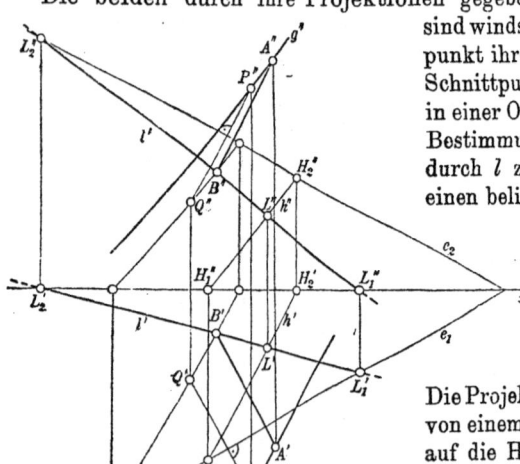

Fig. 78.

sind windschief, weil der Schnittpunkt ihrer Grundrisse mit dem Schnittpunkt ihrer Aufrisse nicht in einer Ordnungslinie liegt. Zur Bestimmung der Parallelebene E durch l zu g ziehe man durch einen beliebigen Punkt L von l die Parallele h zu g; die Spuren dieser Hilfsebene gehen durch die gleichnamigen Spurpunkte der Geraden l und h. Die Projektionen der Normalen n von einem Punkt P der Geraden g auf die Hilfsebene sind normal zu den gleichnamigen Spuren dieser Ebene. Hierauf konstruiere man den Schnittpunkt Q von n mit der Ebene E. Die Parallele durch Q zu g schneidet l im Punkt B, durch den der kürzeste Abstand AB parallel zu n verläuft. Die beiden Projektionen des Punktes A, die man so erhält, müssen in einer Ordnungslinie liegen. Die wahre Größe des kürzesten Abstandes ermittelt man in bekannter Weise als wahre Größe der Strecke AB.

Aufgaben: 47. Man bestimme die wahre Größe einer der vier

Höhen in einem gegebenen unregelmäßigen Tetraeder, von dem keine Fläche in einer Hauptebene liegt.

48. Man bestimme diejenigen Ebenen, die zu einer gegebenen Ebene parallel sind und einen gegebenen Abstand von ihr haben.

49. Man konstruiere jenen Punkt der x-Achse, der von zwei gegebenen Punkten des Raumes gleich weit entfernt ist.

50. Man konstruiere jenen Punkt der Grundrißebene, der von drei gegebenen Punkten des Raumes gleich weit entfernt ist.

51. Man bestimme den kürzesten Abstand der x-Achse von einer zu ihr windschiefen Geraden.

52. Ein unregelmäßiges Tetraeder steht auf der Grundrißebene; man bestimme den kürzesten Abstand zweier Gegenkanten desselben.

§ 15. Fundamentalaufgaben über Neigungswinkel.

a) *Neigungswinkel zweier Ebenen.* Unter dem Neigungswinkel zweier Ebenen versteht man bekanntlich einen Winkel, dessen Schenkel von einer Normalebene zur Schnittgeraden beider Ebenen aus diesen geschnitten werden, dessen Scheitel also auf der Schnittgeraden liegt und dessen Schenkel zur Schnittgeraden normal sind. Sind in *Fig. 79* die beiden Ebenen E und Φ gegeben durch ihre Spuren, so konstruiert man ihren Neigungswinkel, indem man eine Neigungswinkelebene N wählt, also eine Ebene, deren Spuren n_1 und n_2 normal sind zu den gleichnamigen Projektionen der Schnittgeraden s beider Ebenen. Die Schnittgeraden a und b dieser Ebene mit den Ebenen E bzw. Φ sind die Schenkel des gesuchten Winkels, dessen wahre Größe durch Umklappung in die eine der Projektionsebenen bestimmt wird.

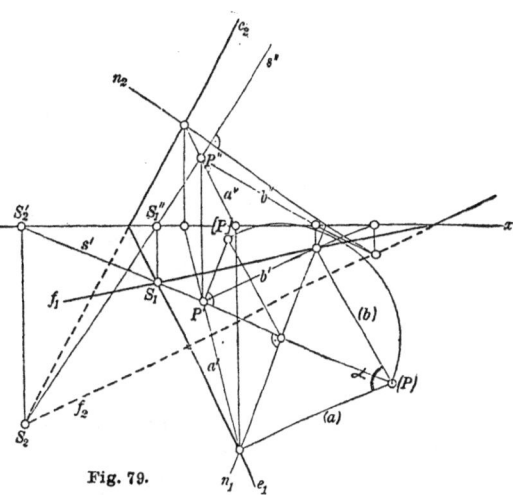

Fig. 79.

Oder man fällt von einem beliebigen Punkte des Raumes die Normalen auf die beiden Ebenen und bestimmt deren Winkel, da dieser supplementär ist zum Neigungswinkel der beiden Ebenen.

b) *Neigungswinkel einer Geraden gegen eine Ebene.* Unter dem Neigungswinkel einer Geraden gegen eine Ebene versteht man den Winkel, den die Gerade mit ihrer Normalprojektion auf die Ebene bildet. (Vgl. die *Fig. 80.*) Soll also in *Fig. 81* der Neigungswinkel der Geraden g gegen die Ebene E bestimmt werden, so fälle man von einem Punkte A der Geraden die Normale n auf die Ebene, deren Schnittpunkt B mit dieser die Normalprojektion des Punktes A auf die Ebene ist. Ist S der Schnittpunkt der Geraden g mit der Ebene E, so ist SB die gesuchte Projektion l der Ge-

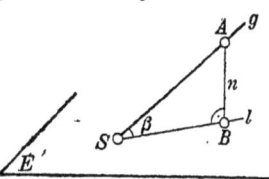

Fig. 80.

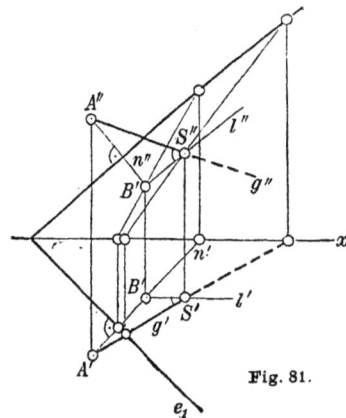

Fig. 81.

raden g. Der zu bestimmende Neigungswinkel ist dann der Winkel der Geraden g und l, dessen wahre Größe man in bekannter Weise bestimmen wird.

Noch einfacher wird die Konstruktion, wenn man beachtet, daß der Winkel der Geraden g mit der Normalen n komplementär ist zu dem gesuchten Winkel, daß also die Konstruktion der Punkte B und S überflüssig ist.

Aufgaben: 53. Eine vierseitige regelmäßige Pyramide steht auf der Grundrißebene; man bestimme die wahre Größe des Neigungswinkels zweier benachbarter Seitenflächen.

54. Man bestimme die beiden Winkelhalbierungsebenen von zwei gegebenen Ebenen.

55. Man konstruiere die wahre Größe des Neigungswinkels der x-Achse gegen eine durch ihre Spuren gegebene Ebene.

56. Man bestimme die wahre Größe des Neigungswinkels, den die beiden projizierenden Ebenen einer gegebenen Geraden miteinander bilden.

§ 16. Einführung der Seitenrißebene.

Die Lösung mancher Aufgaben der darstellenden Geometrie und die Vorstellung vieler durch Grund- und Aufriß gegebener Raumgebilde wird erleichtert durch die Einführung einer *dritten Projektionsebene,* die normal ist zur Projektionsachse x. Eine solche doppelt-projizierende Ebene Π_3 nennt man eine *Seitenrißebene*. Grund-, Auf- und Seitenrißebene bilden ein vollständig rechtwinkliges Dreikant, dessen Kanten die drei Projektionsachsen sind, die folgendermaßen bezeichnet seien:

$$x \equiv \Pi_1 \Pi_2, \qquad y \equiv \Pi_1 \Pi_3, \qquad z \equiv \Pi_2 \Pi_3.$$

Einführung der Seitenrißebene

In *Fig.* 82 ist angenommen, daß die Aufriß- und die Seitenrißebene umgelegt seien in die Grundrißebene; in dieser liegen dann die Achsen x und y sowie die beiden Umlegungen der z-Achse mit den Ebenen Π_2 und Π_3, die mit der y- bzw. x-Achse zusammenfallen. Sind A', A'' die beiden Projektionen eines Punktes A, so findet man den Seitenriß A''' desselben in der Normalen aus A' zur y-Achse, wobei

$$XA'' = YA'''$$

sein muß, weil diese Strecke die Kote des Punktes A bez. der Grundrißebene ist.

In *Fig.* 83 ist dagegen angenommen, daß die Grundriß- und die Seitenrißebene umgelegt seien in die Aufrißebene; in dieser liegen dann die Achsen x und z, sowie die beiden Umlegungen der Achse y mit den Ebenen Π_1 und Π_3, die mit der z- bzw. x-Achse zusammenfallen. Sind A', A'' die beiden Projektionen eines Punktes A, so liegt A''' in der Normalen aus A'' zur z-Achse, wobei $\qquad XA' = ZA'''$

sein muß, da diese Strecke die Kote des Punktes bez. der Aufrißebene darstellt.

In *Fig.* 84 sind die drei Projektionen einer Geraden g dargestellt. Sind etwa g' und g'' gegeben, so konstruiere man zur Bestimmung der dritten Projektion g'''

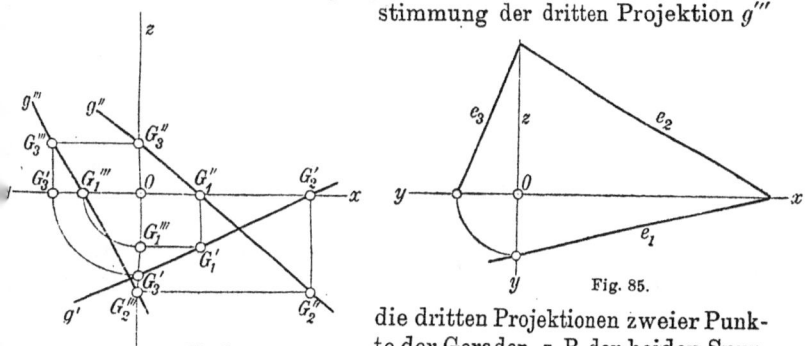

Fig. 84.   Fig. 85.

die dritten Projektionen zweier Punkte der Geraden, z. B. der beiden Spurpunkte G_1 und G_2; da G_1 in Π_1 liegt, fällt G_1''' auf y, und da G_2 auf Π_2 liegt, fällt G_2''' auf z. Dann ist g''' die Verbindungsgerade dieser beiden dritten Projektionen. Die Figur enthält auch den dritten Spurpunkt G_3 der Geraden; G_3' liegt auf y und G_3'' auf z.

Teubners Leitfäden: Großmann, Elemente. 2. Aufl.

46 II. Zugeordnete Normalprojektionen

In *Fig. 85* sind die **drei Spuren** e_1, e_2, e_3 einer Ebene E dargestellt; man findet die **dritte Spur** aus den beiden ersten, wenn man beachtet, daß sich e_1 und e_3 auf y, e_2 und e_3 auf z schneiden müssen.

Technische Darstellungen enthalten meistens alle drei Projektionen der Raumgebilde, weil der Seitenriß aufschlußreich ist für

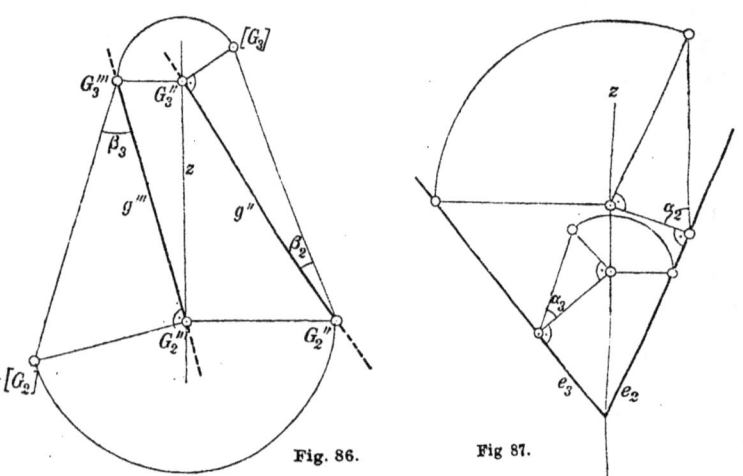

Fig. 86.   Fig 87.

jene Kanten und Flächen, die in Ebenen normal zur x-Achse liegen; sie erscheinen in der dritten Projektion in wahrer Größe und Gestalt. Bei theoretischen Aufgaben wird meistens die eine der drei Projektionen weggelassen, und es empfiehlt sich für den Anfänger, die Fertigkeit zu erwerben, mit dem Aufriß und Seitenriß ohne den Grundriß, oder mit dem Grundriß und Seitenriß ohne den Aufriß zu konstruieren. Einige Beispiele mögen dies erleichtern.

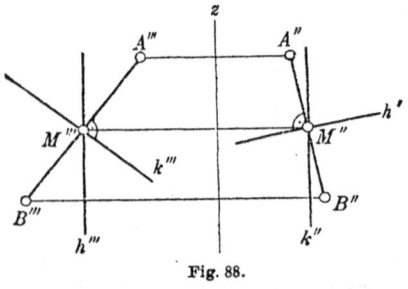

Fig. 88.

In *Fig. 86* sind die Neigungswinkel einer Geraden g gegen die beiden Projektionsebenen Π_2 und Π_3 konstruiert durch Umlegung der zweiten und dritten projizierenden Ebenen der Geraden in die Ebenen Π_2 bzw. Π_3.

In *Fig. 87* sind die Neigungswinkel einer Ebene E gegen die Projektionsebenen Π_2 und Π_3 konstruiert, durch Umlegung einer ersten bzw. einer dritten Spurnormalen der Ebene.

In *Fig. 88* sei die Strecke AB gegeben durch den Aufriß und den Seitenriß; man bestimme die Spuren der Ebene E, die im

Einführung der Seitenrißebene 47

Mittelpunkt M der Strecke zu dieser normal steht. Da die Spuren e_2 und e_3 der Ebene normal sind zu den Projektionen $A''B''$ bzw. $A'''B'''$, so kann man die zweite Hauptlinie h und die dritte Hauptlinie k der Ebene durch M angeben; die Spuren der Ebene gehen durch die gleichnamigen Spurpunkte dieser Geraden.

In *Fig. 89* ist die wahre Gestalt eines Dreiecks ABC konstruiert, von dem man die zweite und dritte Projektion kennt; die Ebene des Dreiecks wurde umgeklappt um eine zweite Hauptlinie h.

Vorteilhaft ist die Verwendung der Seitenrißebene bei der Lösung von Aufgaben, bei denen Geraden auftreten, die in einer zur x-Achse normalen doppelt-projizierenden Ebene liegen, oder Ebenen,

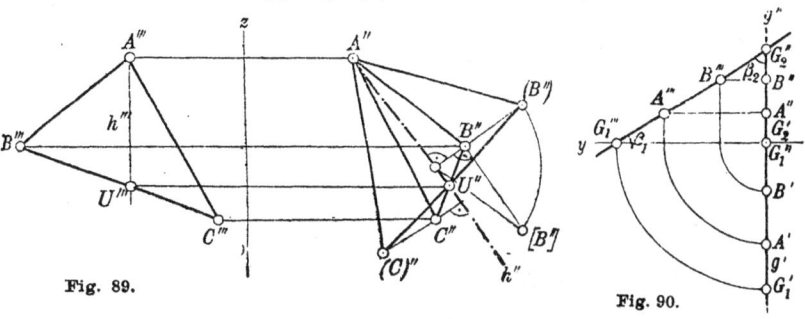

Fig. 89.

Fig. 90.

die zur x-Achse parellel sind. Folgende Aufgaben mögen dies erläutern:

In *Fig. 90* ist eine Gerade g gegeben durch zwei Punkte A und B, die in einer doppelt-projizierenden Ebene liegen; man konstruiere die Spurpunkte und die Neigungswinkel der Geraden. Eine dritte Projektion läßt die gesuchten Spurpunkte und Neigungswinkel sofort erkennen.

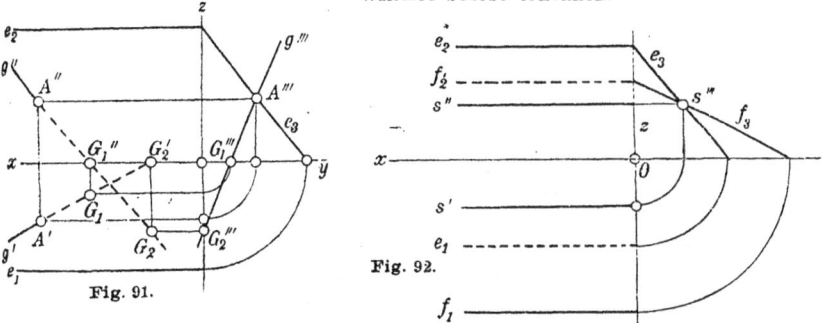

Fig. 91.

Fig. 92.

In *Fig. 91* ergibt sich der Schnittpunkt der Geraden g mit einer zur x-Achse parallelen Ebene unmittelbar durch die Einführung der Seitenrißebene, da die Ebene zu dieser normal ist und der Seitenriß des gesuchten Punktes daher in der dritten Spur der Ebene liegen muß.

4*

48 II. Zugeordnete Normalprojektionen

In *Fig. 92* ist die Schnittgerade zweier zur x-Achse paralleler Ebenen im Seitenriß erkennbar und damit auch in den beiden anderen Projektionen angebbar. Der Winkel der beiden dritten Spuren ist gleichzeitig der Neigungswinkel der beiden Ebenen.

Aufgaben: 57. Man zeichne die dritte Projektion eines Tetraeders, von dem man die beiden ersten Projektionen gibt.

58. Man löse die fundamentalen Schnittaufgaben (§ 11) im Grund- und Seitenriß.

59. Man löse die fundamentalen Aufgaben über Neigungswinkel (§ 15) im Auf- und Seitenriß.

60. Man lege durch einen Punkt A die beiden Ebenen, die zur x-Achse parallel sind, und deren Abstand von der x-Achse die Hälfte ist des Abstandes des Punktes von ihr.

61. Man bestimme den kürzesten Abstand der x-Achse von einer gegebenen, zu ihr windschiefen Geraden.

62. Gegeben zwei zueinander windschiefe Geraden; man bestimme eine dritte Gerade, die beide schneidet und zur x-Achse parallel ist.

§ 17. Transformation der Projektionsebenen.

Manche Aufgaben der darstellenden Geometrie werden einfach lösbar durch die *Einführung neuer Projektionsebenen*, die den gegebenen Raumgebilden zweckmäßig angepaßt sind.*) Es ist zu untersuchen, wie sich bei einer derartigen *Transformation der Projektionsebenen* die Projektionen der Raumgebilde ändern.

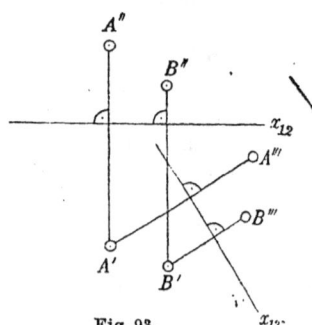

Fig. 93.

a) *Transformation der Aufrißebene.* In *Fig. 93* sei x_{12} die Schnittgerade der beiden Projektionsebenen Π_1 und Π_2. Eine neue Aufrißebene Π_3 ist dann bestimmt, wenn man ihre Schnittgerade x_{13} mit der festgehaltenen Grundrißebene wählt; denn sie muß mit der Grundrißebene einen rechten Winkel bilden. Weil der Grundriß A' jedes Punktes A unverändert bleibt, liegt der neue Aufriß A''' mit A' in einer neuen Ordnungslinie, d. h. in einer Normalen zu x_{13}. Da sich die Kote des Punktes bez. der Grundrißebene nicht ändert, *so ist die Entfernung des neuen Aufrisses von der neuen Achse gleich der Entfernung des alten Aufrisses von der alten Achse.* Dabei bleibt für einen ersten Punkt willkürlich, nach welcher Seite diese Entfernung von x_{13} angetragen wird, weil es freisteht, nach welcher Seite man sich die neue Aufrißebene in die Grundrißebene umgelegt denkt. Werden aber weitere Punkte transformiert, so ist zu

---

*) Die Einführung der Seitenrißebene in § 16 stellt einen Sonderfall dieser allgemeinen Konstruktionsmethode dar.

beachten, daß, wenn die Koten zweier Punkte in bezug auf die Grundrißebene im ursprünglichen System das gleiche oder das entgegengesetzte Vorzeichen haben, dies auch im neuen Projektionssystem der Fall sein muß. In Fig. 93 liegen die Punkte A und B auf der gleichen Seite der Grundrißebene, so daß auch A''' und B''' auf der gleichen Seite der Achse x_{13} liegen müssen.

b) *Transformation der Grundrißebene.*
In *Fig. 94* sei eine neue Grundrißebene Π_3 gegeben durch die Achse x_{23}, also ihre Schnittgerade mit der festgehaltenen Aufrißebene, zu der sie rechtwinklig stehen muß. Weil der Aufriß A'' jedes Punktes festbleibt, liegt der neue Grundriß A''' in

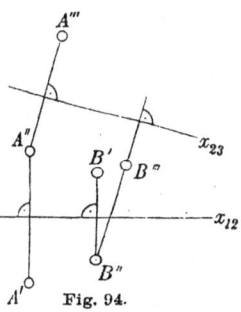

Fig. 94.

einer neuen Ordnungslinie, d. h. in einer Normalen zu x_{23}. Da sich die Kote des Punktes bez. der Aufrißebene nicht ändert, *so ist die Entfernung des neuen Grundrisses von der neuen Achse gleich der Entfernung des alten Grundrisses von der alten Achse.* Auch bei dieser Transformation ist das Vorzeichen der Koten zu beachten; A und B liegen in Fig. 94 auf verschiedenen Seiten von Π_2.

Die zu Konstruktionszwecken erforderlichen Transformationen kommen auf die eine oder andere der beiden folgenden Grundaufgaben heraus:

1. *Man transformiere das Projektionssystem derart, daß die eine der beiden neuen Projektionsebenen zu einer gegebenen Geraden normal sei.*

In *Fig. 95* soll die neue Grundrißebene zur Geraden g normal werden. Es ist nicht möglich, unmittelbar eine zu g normale Ebene als neue Grundrißebene zu wählen,

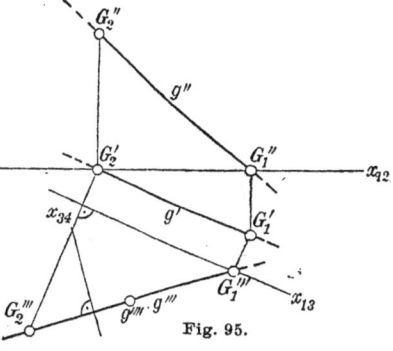

Fig. 95.

weil diese dann zu der festgehaltenen Aufrißebene nicht mehr normal wäre, sofern die Gerade g allgemeine Lage gegen das Projektionssystem hat. Man muß also vorbereitend die Aufrißebene transformieren, und zwar so, daß sie zur Geraden g parallel wird. Dies wird der Fall sein, wenn man die neue Achse x_{13} zu g' parallel wählt. Nun konstruiere man den neuen Aufriß g''', indem man zwei Punkte der Geraden in der oben angegebenen Weise transformiert. Insbesondere eignen sich auch die Spurpunkte der Geraden zur Transformation. Nach dieser Vorbereitung kann nun die Grundrißebene transformiert werden. Die neue Grundrißebene Π_4 wird zur Geraden g normal werden, wenn die neue Achse x_{34}

zu g''' normal ist, weil im neuen Projektionssystem, bestehend aus den Ebenen Π_3 und Π_4, der Aufriß g''' normal sein muß zur Achse x_{34}, wenn g zur Grundrißebene Π_4 normal sein soll. Der neue Grundriß g'''' ist natürlich ein Punkt, in den die neuen Grundrisse aller Punkte der Geraden fallen.

2. *Man transformiere das Projektionssystem so, daß die eine der beiden Projektionsebenen zu einer gegebenen Ebene parallel wird (oder mit ihr zusammenfällt).*

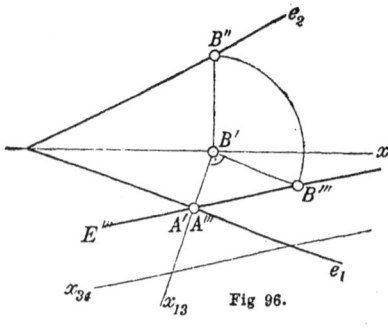

Fig 96.

In *Fig. 96* soll die neue Grundrißebene zur Ebene E parallel werden. Auch bei dieser Aufgabe kann man nicht unmittelbar zur Transformation der Grundrißebene schreiten, weil sonst die neue Grundrißebene nicht mehr normal wäre zur festgehaltenen Aufrißebene, sofern die Ebene E allgemeine Lage hat. Man muß also vorerst die Aufrißebene transformieren, so daß sie zur Ebene E normal wird. Dazu muß die neue Achse x_{13} zur ersten Spur e_1 normal sein. Die neuen Aufrisse aller Punkte der Ebene E werden dann in eine Gerade fallen müssen, weil die Ebene projizierend ist bezüglich der neuen Aufrißebene. Es genügt also, zwei Punkte der Ebene zu transformieren, am einfachsten die Schnittpunkte A und B der neuen Aufrißebene mit den Spuren e_1 bez. e_2. Soll nun die Grundrißebene so transformiert werden, daß sie zur Ebene E parallel wird, so muß die neue Achse x_{34} zu der Geraden $A'''B'''$ parallel angenommen werden oder mit ihr zusammenfallen, wenn die neue Grundrißebene mit der Ebene E zusammenfallen soll.

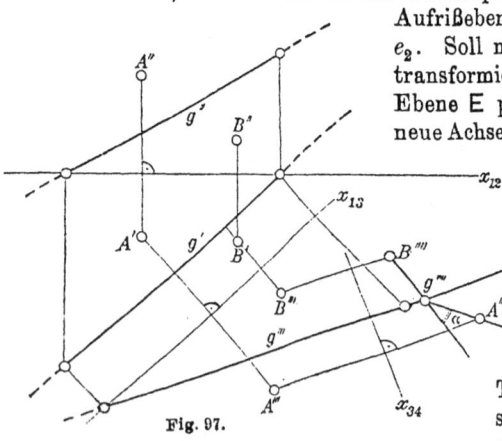

Fig. 97.

Zwei *Beispiele* mögen die Anwendung der Transformation auf die Lösung von Konstruktionsaufgaben erläutern.

In *Fig. 97* seien zwei Ebenen gegeben durch ihre Schnittgerade g und je einen Punkt A bzw. B; man konstruiere den Neigungswinkel der beiden Ebenen. Die Aufgabe wird gelöst, indem man das Projektionssystem so transformiert, daß die eine der beiden Projektionsebenen zur Schnittgeraden g normal wird; dann werden beide Ebenen projizierend und ihr Winkel erscheint in wahrer Größe. Nach den Erläuterungen zur ersten der beiden Grundaufgaben transformiere man zuerst die Aufrißebene, indem man die neue Achse x_{13} parallel zu g' wählt; nach den Transformationsgesetzen findet man g''' sowie A''' und B'''. Hierauf wähle man x_{34} normal zu g''' und bestimme g'''' sowie A'''' und B'''' Dann ist der Punkt g'''' der Scheitel des gesuchten Winkels, während die beiden Schenkel durch A'''' und B'''' gehen.

In *Fig. 98* sei ein ebenes Viereck gegeben; man bestimme dessen wahre Gestalt, indem man durch Transformation des Projektionssystems dessen Ebene zur neuen Grundrißebene parallel macht. Nach den Erläuterungen zur zweiten Grundaufgabe ist vorerst die Aufrißebene so zu transformieren, daß sie zur gegebenen Ebene normal steht. Die neue Achse x_{13} muß also normal zu einer ersten Hauptlinie h der Ebene gelegt werden. Die neuen Aufrisse aller Ecken des Vierecks liegen dann in einer Geraden, zu welcher die neue Achse x_{34} parallel sein muß. Der neue Grundriß des Vierecks hat dann die gesuchte wahre Größe und Gestalt. —

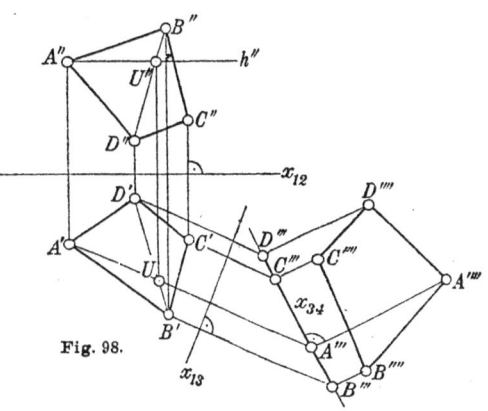

Fig. 98.

Während der Grundgedanke der bisherigen Anwendungen der Transformation darin besteht, den gegebenen Raumgebilden eine möglichst einfache Lage gegen das neue Projektionssystem

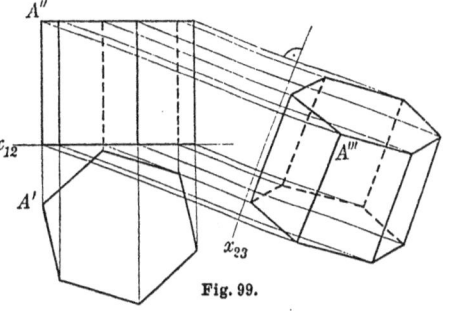

Fig. 99.

zu geben, kann man umgekehrt von einer Darstellung eines Körpers, der sich in einer besonders einfachen Lage gegen das Projektionssystem befindet, durch Transformation übergehen zu einer allgemeineren Projektion des Körpers.

In *Fig. 99* sei ein regelmäßiges sechsseitiges Prisma dargestellt, dessen eine Grundfläche in der Grundrißebene liegt. Durch Einführung einer neuen Grundrißebene erhält man eine allgemeine Projektion des Körpers.

52 II. Zugeordnete Normalprojektionen

Aufgaben: **63.** Man bestimme durch Transformation den kürzesten Abstand von zwei windschiefen Geraden.

64. Man bestimme durch Transformation den Winkel von zwei sich schneidenden Geraden.

65. Man bestimme durch Transformation den Abstand eines Punktes von einer Geraden.

66. Ausgehend von der einfachsten Darstellung eines Würfels konstruiere man durch Transformation die allgemeine Darstellung.

§ 18. Die Methode der geometrischen Örter.

Man versteht unter dem geometrischen Ort eines Punktes die Gesamtheit aller Punkte, die eine gewisse gemeinsame geometrische Eigenschaft haben, die diesen Punkten ausschließlich zukommt. Beispiele:

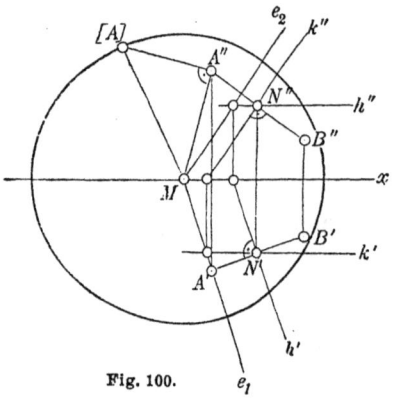

Fig. 100.

Die Kugel ist der geometrische Ort aller Punkte, die von einem festen Punkt einen gegebenen Abstand haben.

Der geometrische Ort aller Punkte, die von einer Geraden einen gegebenen Abstand haben, ist der gerade Kreiszylinder, der diese Gerade zur Achse hat und dessen Radius der gegebene Abstand ist.

Der geometrische Ort aller Punkte, die von einer gegebenen Ebene einen gegebenen Abstand haben, besteht aus den beiden Parallelebenen zu dieser Ebene, die von ihr den gegebenen Abstand haben.

Die Konstruktion eines gesuchten Punktes wird häufig durchführbar, wenn es gelingt, eine hinreichende Anzahl geometrischer Örter anzugeben, denen er angehören muß. Einige Beispiele mögen diese Konstruktionsmethode erläutern.

a) Man konstruiere eine Kugel, welche durch zwei gegebene Punkte A und B geht und deren Mittelpunkt in der Projektionsachse liegt (*Fig. 100*).

Der Mittelpunkt der Kugel muß von den Punkten A und B gleich weit entfernt sein; der geometrische Ort aller Punkte, die von zwei gegebenen Punkten gleich weit entfernt sind, ist die Normalebene, die im Mittelpunkt ihrer Verbindungsstrecke auf diese errichtet werden kann. Der Mittelpunkt M der gesuchten Kugel ist also der Schnittpunkt dieser Normalebene mit der x-Achse.

Zur Durchführung dieses Konstruktionsgedankens sind durch den Mittelpunkt N der Strecke AB die beiden Hauptlinien h und k der Normalebene gelegt worden zur Bestimmung ihrer Spuren e_1

und e_2. Die wahre Größe der Strecke AM ist gleich dem Kugelradius. Die Kugel wird in beiden Projektionen durch den nämlichen Großkreis dargestellt.

b) Man bestimme auf einer zur Projektionsachse windschiefen Geraden g diejenigen Punkte, die von der Projektionsachse einen gegebenen Abstand a haben (*Fig. 101*).

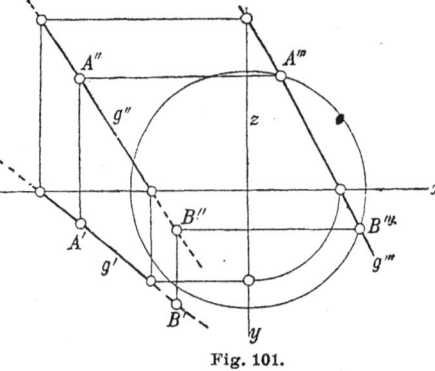

Der geometrische Ort aller Punkte, die von der x-Achse den Abstand a haben, ist der gerade Kreiszylinder mit dem Radius a und der Achse x; die gesuchten Punkte A und B sind also die Schnittpunkte

Fig. 101.

dieses Zylinders mit der gegebenen Geraden. Die Durchführung erfolgt am besten im Seitenriß.

c) Von einem Quadrat $ABCD$ kennt man die beiden Projektionen der Seite AB und den Grundriß g' der Geraden, in der die Gegenseite CD liegen soll (*Fig. 102*); man konstruiere die beiden Projektionen des Quadrates.

Da der $\measuredangle ABC$ ein rechter sein soll, liegt der Punkt C in der Normalebene aus B auf die Gerade AB, die ein erster geometrischer Ort ist für ihn. Da der Abstand $BC = AB$ sein soll, liegt der Punkt C außerdem auf der Kugel um den Mittelpunkt B mit dem Radius AB. Also liegt er im Schnitt dieser beiden geometrischen Örter, d. h. auf dem Kreise mit dem Mittelpunkt B und dem Radius AB, in der Normalebene zu AB durch B. Da der Grundriß von C auf g' liegen soll, ist die erste projizierende Ebene durch g' ein weiterer geometrischer Ort von C,

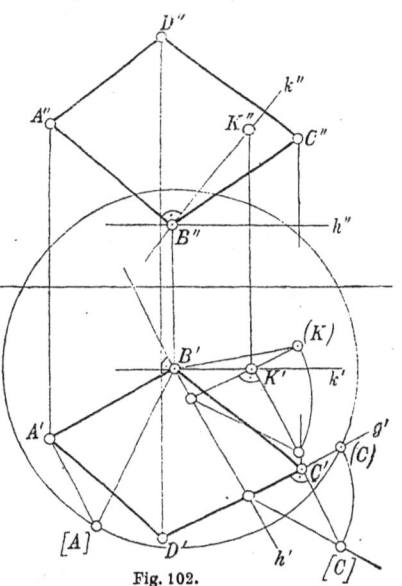

Fig. 102.

so daß die gesuchte Ecke C der Schnittpunkt dieser projizierenden Ebene mit dem vorhin beschriebenen Kreise ist.

Zur Durchführung bestimme in Fig. 102 zuerst die Normalebene in B zu AB durch ihre beiden Hauptlinien h und k. Diese Ebene klappe man um h um, bis sie parallel ist zur Grundrißebene, und zeichne um B den Kreis mit dem Radius AB, dessen wahre Größe man aus dem Differenzendreieck der Strecke AB in bekannter Weise bestimmt. Ist der Abstand der beiden Parallelen $A'B'$ und g' kleiner als die Seite AB, so trifft die projizierende Ebene durch g' den Kreis in zwei Punkten, welche die Umklappungen der gesuchten Ecke sind, so daß die Aufgabe zwei Lösungen hat. Aus der Umklappung von C findet man den Grundriß C' und kann die beiden Projektionen des Quadrates ergänzen. Die Figur enthält die Durchführung nur für die eine der Lösungen. —

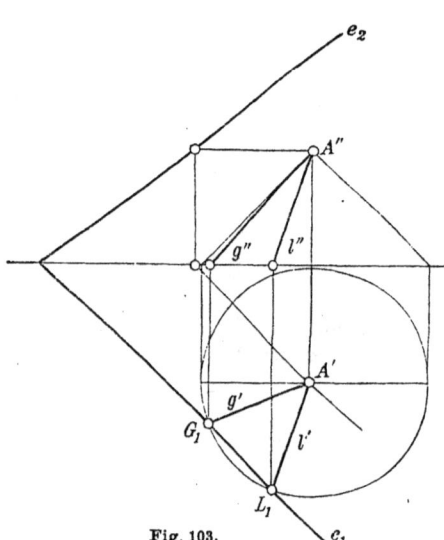

Fig. 103.

Man kann auch geometrische Örter von Geraden und von Ebenen zu Konstruktionszwecken verwenden, wie aus den folgenden Aufgaben ersichtlich ist.

d) Durch einen Punkt A einer Ebene E soll eine Gerade in ihr gezogen werden, die mit der Grundrißebene einen vorgeschriebenen Neigungswinkel β_1 bildet (*Fig. 103*).

Der geometrische Ort aller Geraden, die durch den Punkt A gehen und mit der Grundrißebene einen vorgeschriebenen Neigungswinkel β_1 bilden, ist ein gerader Kreiskegel, dessen Spitze der Punkt A ist, dessen Achse AA' zur Grundrißebene normal ist und dessen Mantellinien mit der Grundrißebene den Winkel β_1 bilden, so daß der Öffnungswinkel des Kegels $90^0 - \beta_1$ ist. Dieser Kegel wird von der durch seine Spitze gehenden Ebene E in zwei Mantellinien geschnitten, sofern der Neigungswinkel α_1 der Ebene größer ist als der Neigungswinkel β_1, der für die gesuchte Gerade vorgeschrieben ist.

In Fig. 103 ist der Kegel im Aufriß und im Grundriß dargestellt. Die Schnittpunkte seines Grundkreises mit der ersten Spur der Ebene E sind die ersten Spurpunkte der gesuchten Geraden g und l.

e) Man bestimme eine Gerade, die mit den beiden Projektionsebenen vorgeschriebene Neigungswinkel β_1 und β_2 bildet und durch einen gegebenen Punkt A geht (*Fig. 104*).

Die gesuchte Gerade muß zwei geometrischen Örtern angehören: den geraden Kreiskegeln mit A als Spitze, den Geraden AA' und AA'' als Achsen und den Öffnungswinkeln $90^0 - \beta_1$ bzw. $90^0 - \beta_2$.

Die gemeinsamen Mantellinien dieser Kegel stellen die gesuchten Geraden dar.

In Fig. 104 zeichne man zuerst die Projektionen der beiden Kegel. Zur Bestimmung ihrer gemeinsamen Mantellinien lege man eine Hilfskugel um die Spitze A. Diese schneidet aus den Kegeln je einen Kreis, der sich in der einen Projektion in wahrer Größe,

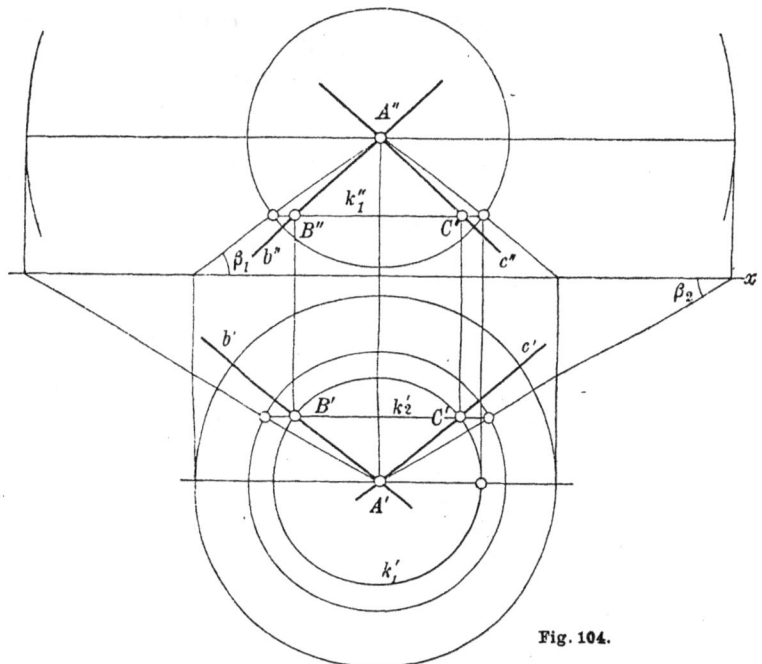

Fig. 104.

in der anderen als gerade Strecke darstellt. Sind die Winkel β_1 und β_2 so gewählt, daß $\beta_1 + \beta_2 < 90^0$ ist, so schneiden sich die Kreise in zwei Punkten B und C, nach denen die gemeinsamen Mantellinien AB und AC der beiden Kegel gehen und welche die gesuchten Geraden b und c sind.

f) Durch eine Gerade g, die zur Grundrißebene geneigt ist, lege man eine Ebene, die mit der Grundrißebene einen vorgeschriebenen Winkel α_1 bildet (*Fig. 105*).

Alle Ebenen, die durch einen Punkt A der Geraden g gehen und mit der Grundrißebene den Winkel α_1 bilden, umhüllen als Tangentialebenen einen geraden Kreiskegel, dessen Spitze A ist, dessen Achse AA' ist und dessen Öffnungswinkel $90^0 - \alpha_1$ ist. Die gesuchten Ebenen müssen daher durch die Gerade g gehen und diesen Kegel berühren. Ermittelt man den in der Grundrißebene liegenden Grundkreis dieses Kegels, so müssen die ersten Spuren

e_1, f_1 der gesuchten Ebenen Tangenten an denselben sein und durch den ersten Spurpunkt G_1 der Geraden gehen. Die zweiten Spuren e_2, f_2 gehen durch G_2 oder ergeben sich sonst in bekannter Weise. Die Aufgabe hat zwei Lösungen, wenn G_1 außerhalb des Grundkreises des Kegels liegt, wenn also der gegebene Winkel α_1 größer ist als der erste Neigungswinkel β_1 der Geraden g.

Aufgaben: 67. Welches ist der geometrische Ort aller Punkte einer Ebene, die von den beiden Projektionsebenen gleich weit entfernt sind?

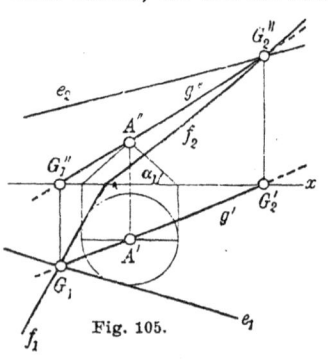

Fig. 105.

68. Welche Punkte der x-Achse sind von zwei gegebenen Ebenen gleich weit entfernt?

69. Man konstruiere die Kugeln, die einem gegebenen auf der Grundrißebene stehenden unregelmäßigen Tetraeder ein- bzw. umschrieben sind.

70. Durch einen gegebenen Punkt lege man die Ebenen, die von einer gegebenen Geraden einen vorgeschriebenen Abstand haben.

71. Man bestimme eine Gerade, die mit zwei gegebenen windschiefen Geraden vorgeschriebene Winkel α bzw. β bildet.

72. Man bestimme eine Ebene, die mit den Projektionsebenen Winkel von vorgeschriebener Größe bildet.

73. Man bestimme diejenigen Punkte einer Geraden, von denen aus eine Strecke AB des Raumes, die nicht auf der Geraden liegt, unter einem rechten Winkel gesehen wird.

§ 19. Schattenkonstruktionen.

Die Methoden der darstellenden Geometrie dienen auch zur Lösung der Aufgaben aus der *Schattenlehre*. Zur Erhöhung der Anschaulichkeit der Abbildung von Körpern denkt man sich diese *beleuchtet;* dadurch treten ihre Formen deutlicher hervor, indem sich die beleuchteten Teile von den im Schatten liegenden abheben. Zur Vereinfachung der Konstruktionen wird in der elementaren Schattenlehre angenommen, daß die *Lichtquelle punktförmig* sei, alle Lichtstrahlen also durch *einen* Punkt gehen. Diese Annahme findet sich in unserer Umwelt nie genau verwirklicht; die künstlichen Lichtquellen sind vielmehr leuchtende Linien oder, noch allgemeiner, leuchtende Flächen (Glühkörper, Flammen usw.) Am ehesten entspricht unserer vereinfachenden Annahme das natürliche Sonnenlicht, dessen Strahlen man ohne größeren Fehler als parallel betrachten kann, wegen der Kleinheit der beleuchteten irdischen Gegenstände im Verhältnis zu ihrer Entfernung von der Sonne.

Schattenkonstruktionen

Ist die punktförmige Lichtquelle gegeben, so geht durch jeden Punkt des Raumes ein und nur ein Lichtstrahl; trifft dieser in seinem weiteren Verlauf eine Fläche, die für das Licht undurchlässig ist, so ist der Schnittpunkt der *Schatten* des Punktes auf die Fläche.

Der geometrische Ort der Lichtstrahlen, welche durch die Punkte einer Geraden gehen, ist eine Ebene, die sog. Lichtebene der Geraden.

Die Lichtebene ist die Verbindungsebene der Geraden mit dem leuchtenden Punkt. Sind die Lichtstrahlen parallel, ist also die Lichtquelle ein unendlich-ferner Punkt, so ist die Lichtebene parallel zur Lichtrichtung.

Der Schatten einer Geraden auf eine Fläche ist der geometrische Ort der Schatten aller ihrer Punkte auf die Fläche, also der Schnitt der Lichtebene mit der Fläche.

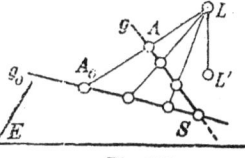

Fig. 106.   Fig. 107.

Hieraus folgt:

Der Schatten einer Geraden auf eine Ebene ist eine Gerade, nämlich der Schnitt der Lichtebene mit der den Schatten auffangenden Ebene. Der Schatten geht durch den Spurpunkt der Geraden mit der Ebene (Fig. 106).

Ist die Gerade zur Ebene parallel, so hat ihr Schatten die gleiche Richtung. (Fig. 107).

Parallele Geraden werfen auf eine Ebene parallele Schatten, da die Lichtebenen durch solche Geraden bei Parallelbeleuchtung parallel sind, bei Zentralbeleuchtung aber die beiden Lichtebenen und die Schattenebene parallele Schnittgeraden haben.

Im folgenden lassen einige Beispiele die Durchführung von Schattenkonstruktionen erkennen.

a) In *Fig. 108* ist der Schatten zu konstruieren, den eine Strecke AB auf die Fläche eines Parallelogramms $CDEF$ wirft, wenn L die Lichtquelle ist.

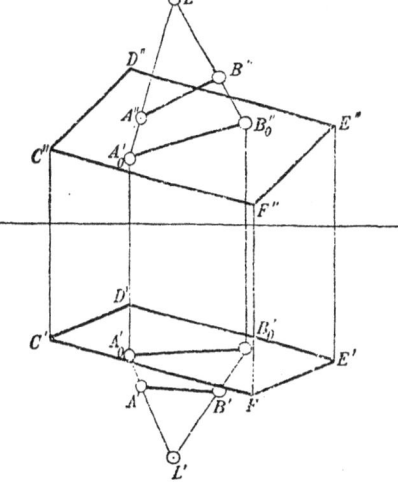

Fig. 108.

Die Schatten der Punkte A und B auf die Fläche $CDEF$ sind die Schnittpunkte A_0 und B_0 der Lichtstrahlen LA bzw. LB mit dieser Fläche. Dann ist die Strecke $A_0 B_0$ der gesuchte Schatten.

58 II. Zugeordnete Normalprojektionen

b) In *Fig. 109* ist der Schatten des Schutzdaches $ABCDEF$ auf die vertikale Wand zu konstruieren, an der es längs der Seite AB befestigt ist. Die Lichtstrahlen seien parallel.

Die Schatten der Ecken C, D, E und F sind die zweiten Durchstoßpunkte C_2, D_2, E_2 und F_2 der Lichtstrahlen durch diese Ecken. Der Schatten des Sechsecks auf die Aufrißebene ist also der gebrochene Linienzug $B''C_2D_2E_2F_2A''$. Dabei müssen die Schatten der parallelen Kanten CD und AF parallel sein, der Schatten der zur Projektionsachse parallelen Kante DE eben diese Richtung haben.

c) In *Fig. 110* steht ein regelmäßiger Pyramidenstumpf auf der Grundrißebene und wird beleuchtet durch parallel einfallende Lichtstrahlen, deren Richtung durch die Gerade l gegeben sei; man konstruiere den Schatten, den der Körper auf die Projektionsebenen wirft.

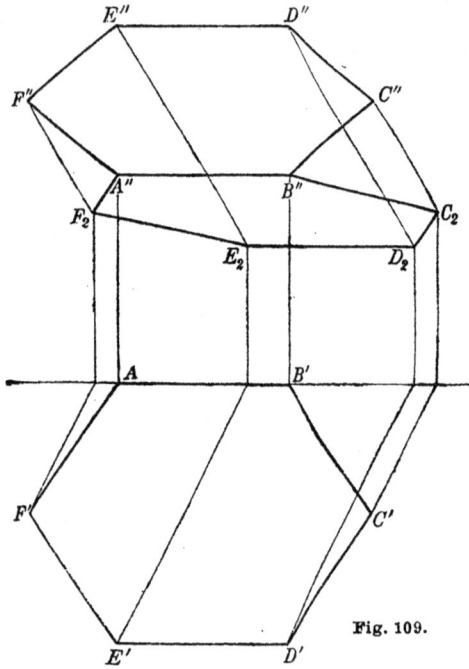

Fig. 109.

Bevor man an die konstruktive Durchführung einer solchen Schattenaufgabe geht, tut man gut, sich klar zu machen, welche Flächen des Körpers beleuchtet, welche im Schatten liegend sind, welche Kanten und Ecken Schatten werfen, indem man sich die Lage der Lichtrichtung in bezug auf den Körper vorstellt. Im vorliegenden Beispiel wird man unschwer erkennen, daß die drei Flächen mit den Grundkanten A_0B_0, A_0F_0 und E_0F_0 beleuchtet, die drei anderen beschattet sind; die Deckfläche ist beleuchtet. Der Kantenzug B_0BCDEE_0 wird demnach den beleuchteten Teil des Körpers von dem im Schatten liegenden Teil abgrenzen. Der Schatten, den der Körper auf die Projektionsebenen wirft, ist der Schatten dieses Kantenzuges, kann also gefunden werden, indem man die Schatten der einzelnen Ecken desselben ermittelt.

Es ist aber vorteilhaft, wenn man bei der Durchführung einer Schattenkonstruktion das Augenmerk nicht nur auf die Ecken, sondern auch auf die Kanten richtet, also in dem vorliegenden Beispiel etwa folgendermaßen vorgeht:

Ist S die Spitze der Ergänzungspyramide, so bestimme man ihren Schatten S_1 auf die Grundrißebene als den ersten Spurpunkt des durch S gehenden Lichtstrahles. Verbindet man diesen Punkt mit B_0 und E_0, so sind diese Geraden unmittelbar die Schatten der Seitenkanten B_0S bzw. E_0S. Der Schatten B_1 von B auf Π_1 liegt auf B_0S und auf dem Grundriß des durch B gehenden Lichtstrahles. Es ist dann B_0B_1 der Schatten der Kante B_0B des

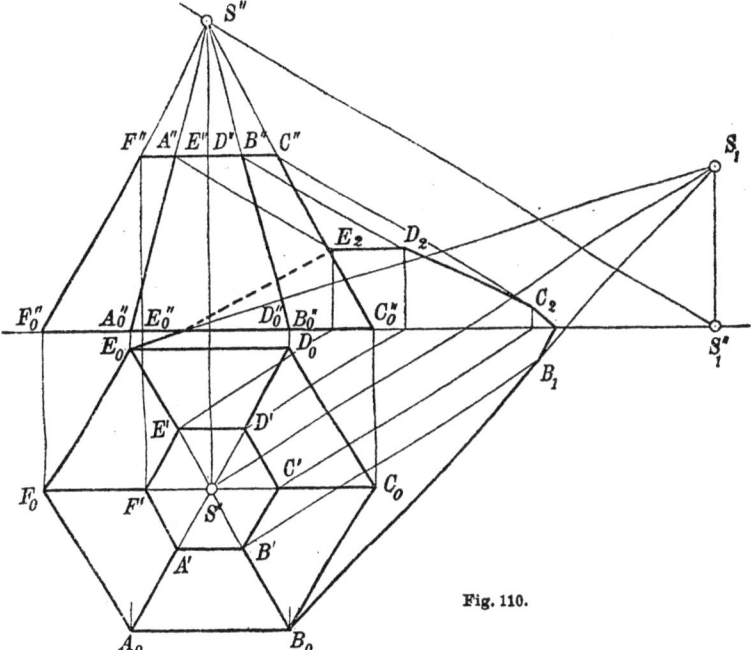

Fig. 110.

Stumpfes. Als nächste schattenwerfende Kante tritt nun die Kante BC der Deckfläche auf; da sie parallel ist zu Π_1, so ist ihr Schatten die Parallele aus B_1 und enthält den Schatten C_1 von C auf dem Grundriß des Lichtstrahles durch diesen Punkt. Allein in dem hier verwirklichten Falle würde dieser Schatten hinter die x-Achse zu liegen kommen, also hinter die Aufrißebene fallen. Wenn man sich die Aufrißebene als undurchsichtig denkt, so wird der von C ausgehende Lichtstrahl von ihr aufgehalten, so daß C auf die Aufrißebene Schatten wirft und zwar auf den zweiten Spurpunkt C_2 des Lichtstrahls. Der Schatten der Kante BC erscheint demnach gebrochen; ein Teil fällt auf die Grundrißebene, der andere auf die Aufrißebene, wobei sich die beiden Teile auf der x-Achse treffen, denn sie sind die beiden Spuren der Lichtebene der Kante BC. Da auch der Schatten von D auf die Aufrißebene fällt, so wirft die ganze Kante CD ihren Schatten auf diese Projektionsebene.

Die Kante DE ist parallel zur Aufrißebene, so daß ihr Schatten $D_2 E_2$ zu ihr parallel ist. Zum Schluß kann man den Schatten der Kante $E_0 E$ zeichnen; ein Teil fällt auf die Grundrißebene in die Gerade $E_0 S_1$, der andere auf die Aufrißebene und geht durch E_2.

Man bezeichnet solche Flächen eines Körpers, auf die kein Licht fällt, als im *Selbst- oder Eigenschatten* liegend. *Schlagschatten* nennt man im Gegensatz dazu den Schatten, den ein Körper auf seine Umgebung wirft. In der zeichnerischen Darstellung werden die im Schatten liegenden Flächen schraffiert oder getönt angegeben, und zwar pflegt man die Schlagschatten dunkler zu halten als die Selbstschatten, um anzudeuten, daß reflektiertes oder diffuses Licht die unbeleuchteten Teile des Körpers zu erhellen pflegt.

Der Schlagschatten der Pyramide, d. h. der Kantenzug $B_0 B_1 C_2 D_2 E_2 E_0$ ist der Schatten des Kantenzuges $B_0 B C D E E_0$, d. h. der Grenze des beleuchteten und unbeleuchteten Teiles des Körpers, d. h. der Selbstschattengrenze.

Aufgaben: 74. Man konstruiere den Schatten, den eine gegebene Gerade auf die Projektionsachse wirft, wenn die Lichtrichtung gegeben ist.

75. Man zeichne die Projektionen eines rechteckigen Tisches mit vier Beinen, der auf der Grundrißebene steht, und konstruiere seinen Schatten auf die Standebene bei gegebener Lichtrichtung.

76. Man konstruiere den Schatten, den eine gegebene Strecke auf ein schiefes Prisma wirft, das auf der Grundrißebene steht, bei gegebener Lichtrichtung.

77. Eine sechsseitige, regelmäßige, vertikale Säule trägt eine quadratische Deckplatte, deren Schatten auf die Säule bei gegebener Lichtrichtung gefunden werden soll.

III. Körper mit ebenen Flächen.

Wird ein Raumteil von Ebenen begrenzt, so bestimmen diese Begrenzungsflächen ein *Vielfach* oder *Polyeder*. Die *Kanten* des Körpers entstehen durch den Schnitt benachbarter *Flächen*. In jeder Fläche liegen mindestens drei Kanten, also auch mindestens drei *Ecken*. Durch jede Ecke gehen mindestens drei Flächen, also auch mindestens drei *Kanten*.

Die *Darstellung* eines Vielflachs erfordert die Projektion seiner Ecken; die Kanten ergeben sich im Bild als die Verbindungsstrecken der Ecken, wodurch dann auch die Flächen abgebildet erscheinen. Im *Fig. 111* sind die beiden Projektionen eines Polyeders gezeichnet. Betrachtet man die eine dieser Projektionen, z. B. die erste, so erkennt man, daß der Projektionsstrahl durch eine Ecke verschiedenes Verhalten bezüglich des Vielflachs zeigen kann. Entweder hat der Projektionsstrahl mit dem Vielflach nur die Ecke gemein, durch die er geht, wie z. B. für den Punkt E;

dann gehört diese Ecke zum *Umriß* des Vielflachs (für die erste Projektion). Die Umrißecken bilden einen gebrochenen Linienzug, ein im allgemeines windschiefes Vieleck, in unserem Beispiel das Vieleck $BCDHEF$. Die Ecken und Kanten dieses Umrisses sind sichtbar, auch wenn man die Flächen des Vielflachs als undurchsichtig betrachtet Oder aber der Projektionsstrahl durch eine der Ecken durchdringt das Vielflach, so daß die Projektion der Ecke in das Innere des Umrisses fällt. Denkt man sich das Vielflach in Richtung der Projektionsstrahlen von oben betrachtet, so ist eine Ecke *sichtbar* oder *unsichtbar*, je nachdem sie über oder unter dem zweiten Schnittpunkte ihres Projektionsstrahls mit der Oberfläche des Körpers liegt. So ist die Ecke A sichtbar, die Ecke G dagegen unsichtbar. Der Umriß teilt den Körper in einen sichtbaren, oberen und in einen unsichtbaren, unteren Teil. Eine Kante ist sichtbar, wenn die beiden Ecken, die sie verbindet, sichtbar sind.

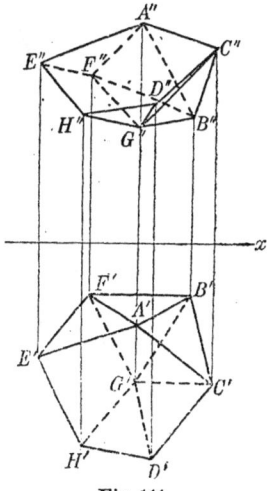

Fig. 111.

§ 20. Prismen.

Man erhält die einfachste Darstellung eines *Prismas*, wenn man annimmt, daß seine Grundfläche in einer der beiden Projektionsebenen liegt (*Fig. 112*). Die kongruente Deckfläche liegt dann in einer parallelen Ebene. Durch die Angabe dieser beiden Flächen sind auch die Seitenkanten und die Seitenflächen bestimmt.

Will man das Prisma, das durch seine beiden Projektionen bestimmt ist, *modellieren*, so hat man sein *Netz* zu konstruieren (vgl. § 6). Dazu bestimme man den *Normalschnitt* des Prismas, d. i. das Vieleck, das eine Ebene normal zu den Seitenkanten aus dem Körper schneidet. Zur Durchführung dieser Konstruktion führt man am besten eine neue Projektionsebene ein, die zur Normalebene rechtwinklig ist, z. B. eine neue Aufrißebene. Den neuen Aufriß des Prismas findet man nach den Gesetzen der Transformation (§ 17). In dieser neuen Projektion erscheint der Normalschnitt als gerade Strecke. Aus den dritten Projektionen seiner Ecken ergeben sich die ersten und zweiten. Die wahre Gestalt und Größe des Normalschnittes findet man durch Umklappung in die Grundrißebene oder auch durch Einführung einer vierten Projektionsebene, die mit der Normalschnittebene zusammenfällt.

Denkt man sich zur Netzbildung das Prisma längs einer Seitenkante aufgeschnitten und den Zusammenhang der Seitenflächen mit der Grund- und Deckfläche soweit als nötig gelöst, so kann die Ausbreitung aller Flächen in eine Ebene folgendermaßen gezeichnet werden.

Der Normalschnitt wird in eine gerade Strecke verwandelt. Die Längen der einzelnen Seiten AB, BC, CD,... sind bekannt als die Strecken $(A)(B)$, $(B)(C)$, $(C)(D)$,... Da die dritte Projektionsebene parallel ist zu den Seitenkanten des Prismas, so erscheinen diese, wie auch ihre Teile, in der dritten Projektion in wahrer Länge, so daß sie im Netz auf den Normalen aus A, B, C,... zum ausgestreckten Normalschnitt abgetragen werden können. Dadurch entsteht die Ausbreitung des aus den Seitenflächen bestehenden Mantels. Grund- und Deckfläche können an irgend eine Grund- bzw. Deckkante angeknüpft werden.

Ein beliebiger *ebener Schnitt* des Prismas kann konstruiert werden wie der Normalschnitt in Fig. 112, d. h. durch Einführung einer dritten Projektionsebene normal zur Schnittebene. Vorzuziehen, weil im allgemeinen genauer durchführbar, ist ein anderes Konstruktionsverfahren, das sich des Zusammenhanges zwischen der Grundfigur und jeder Schnittfigur bedient.

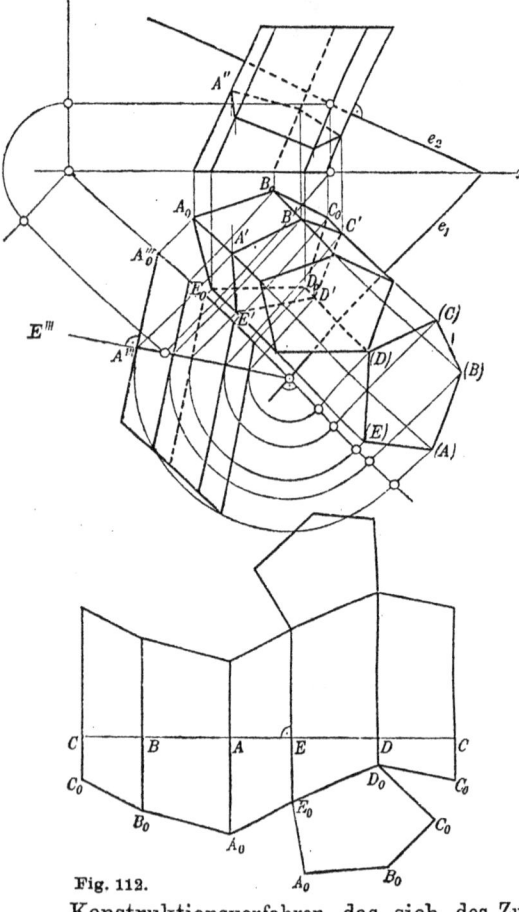

Fig. 112.

In *Fig. 113* ist der Schnitt eines schiefen, auf der Grundrißebene stehenden Prismas mit der Ebene E zu konstruieren. Man bestimme den Schnittpunkt A einer Seitenkante, z. B. der Kante $A_0 A_1$ mit der Ebene E. Dann können die übrigen Ecken der Schnittfigur aus dieser Ecke abgeleitet werden. Die Seitenfläche $A_0 B_0 B_1 A_1$ schneidet nämlich die Grundrißebene in der Grundkante $A_0 B_0$, die Schnittebene in der Seite AB der Schnittfigur, so daß diese beiden Geraden sich auf der ersten Spur der Ebene E treffen müssen, weil die Schnittgeraden dreier Ebenen durch einen

Punkt gehen. Verbindet man also den Schnittpunkt der Grundkante A_0B_0 mit dem Punkt A, so schneidet diese Gerade die Seitenkante B_0B_1 in der Ecke B der Schnittfigur. Ebenso findet man die übrigen Ecken der Schnittfigur.

Gestützt auf die Definition affiner Figuren in § 3 kann man daher schließen:

Die Grundfigur eines Prismas und die Projektion einer ebenen Schnittfigur auf die Grundebene sind affin. Affinitätsachse ist die Spur der Schnittebene mit der Grundebene, Affinitätsrichtung ist die Richtung der Seitenkanten.

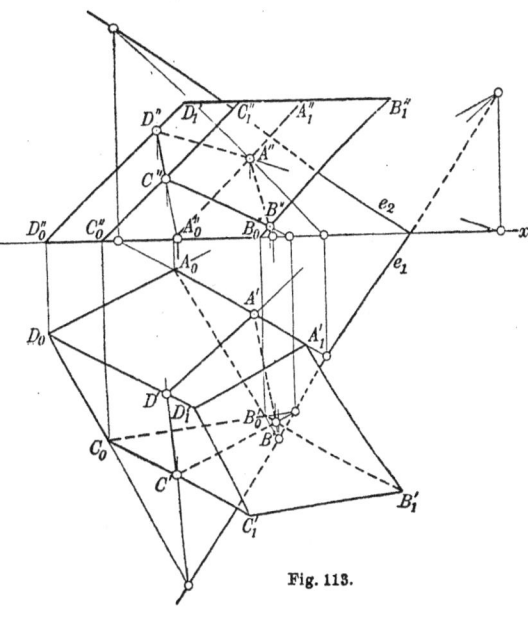

Fig. 113.

Aus diesem Zusammenhang der beiden Vielecke folgt, daß sich auch entsprechende Diagonalen, wie A_0C_0 und $A'C'$, auf der Affinitätsachse schneiden müssen, was als Genauigkeitsprobe oder als Konstruktionsmittel benützt werden kann.

Der Aufriß der Schnittfigur ergibt sich am besten mit Hilfe der ersten Spurpunkte der einzelnen Seiten.

Aufgaben: 78. Man bestimme die Schnittpunkte einer Geraden mit einem Prisma, dessen Grundfläche in der Aufrißebene liegt. (Man lege eine Hilfsebene durch die Gerade parallel zu den Seitenkanten des Prismas und bringe sie zum Schnitt mit dem Prisma.)

79. Man kennt die beiden Projektionen eines schiefen Prismas, wobei die Grundfläche in der Grundrißebene liegt; man stelle das Prisma in einer neuen Lage dar, indem man eine Seitenfläche in die Grundrißebene legt, und bestimme seinen Schnitt mit einer beliebigen Ebene.

80. Man bestimme den ebenen Schnitt eines Prismas, wenn dessen Grundfläche in einer zu den Projektionsebenen schiefen Ebene liegt.

§ 21. Pyramiden.

Die einfachste Darstellung einer Pyramide setzt voraus, daß die Grundfläche in einer der beiden Projektionsebenen liegt; die Pyramide ist dann bestimmt, wenn man außer der Grundfläche noch die Spitze S gibt (*Fig. 114*).

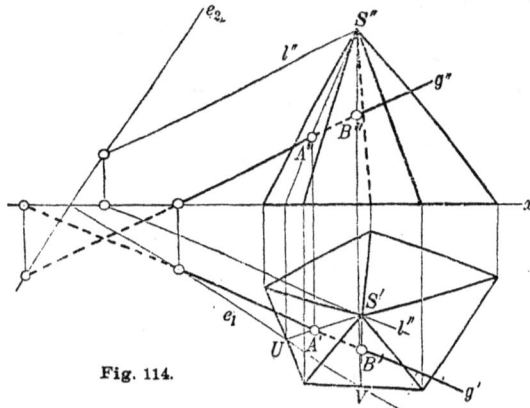

Fig. 114.

Die Figur enthält die Konstruktion des Schnittpunktes einer Geraden g mit dem Mantel der Pyramide; man legt eine Hilfsebene durch die Gerade und die Spitze, welche aus dem Mantel zwei durch die Spitze gehende Geraden schneidet, deren Schnittpunkte mit g die gesuchten Punkte A und B sind.

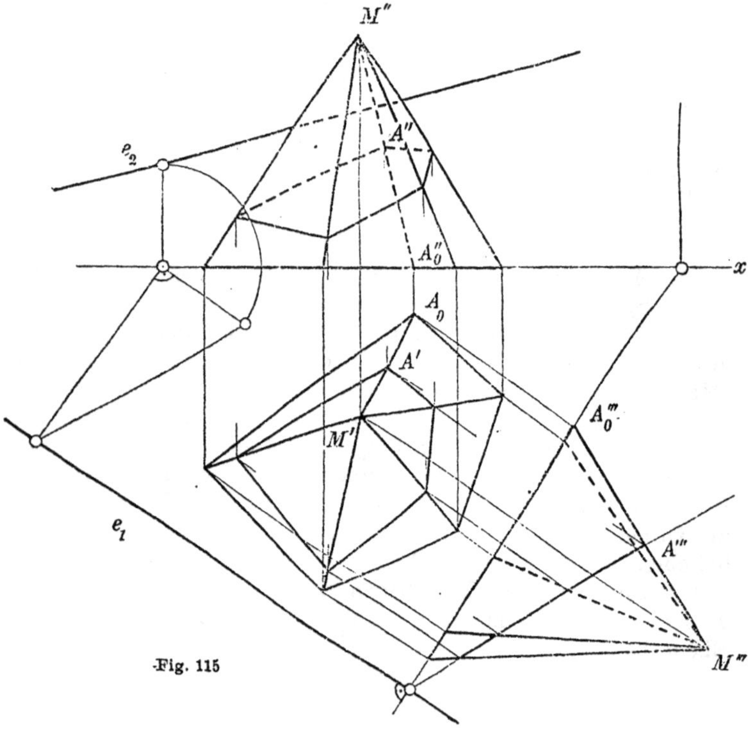

Fig. 115

Pyramiden. Durchdringungen von Vielflachen

Eine Konstruktion des Netzes der Pyramide ist schon in Fig. 22 durchgeführt worden.

Soll der *ebene Schnitt* einer Pyramide, deren Grundfläche in der Grundrißebene liegt, bestimmt werden, so führt man am besten eine neue, dritte Projektionsebene ein, die zur Schnittebene und zur Grundrißebene normal steht (*Fig. 115*). Da die Schnittfigur sich in dieser dritten Projektion als gerade Strecke darstellt, können ihre Ecken unmittelbar angegeben werden, und aus den dritten Projektionen dieser Punkte findet man die ersten und die zweiten.

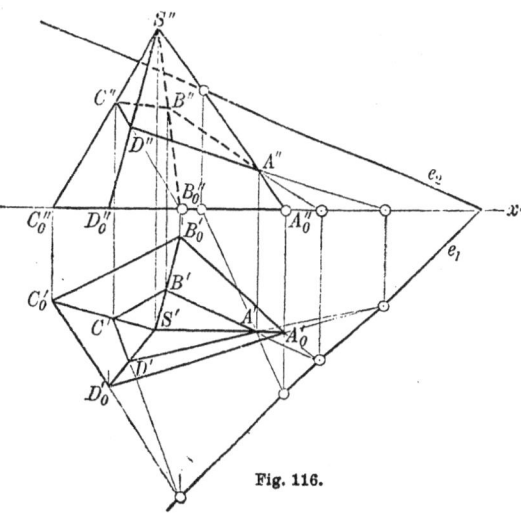

Fig. 116.

Ebenso einfach und häufig genauer durchführbar ist die folgende Konstruktion, die in *Fig. 116* dargestellt ist. Man bestimme den Schnittpunkt A einer Seitenkante SA_0 mit der gegebenen Ebene E. Dann ergeben sich die übrigen Ecken der Schnittfigur aus dieser ersten. Denn da die Ebenen E, Π_1 und SA_0B_0 sich in einem Punkte schneiden müssen, geht die Gerade AB durch den Schnittpunkt der Grundkante A_0B_0 mit der ersten Spur e_1, so daß B' auf der Geraden $A'S$ liegt. Entsprechende Seiten A_0B_0 und $A'B'$ der beiden Figuren treffen sich also auf der Spur e_1 der Schnittebene. Aus diesem geometrischen Zusammenhang konstruiert man die Schnittfigur.

Aufgaben: 81. Man konstruiere das Netz der abgestumpften Pyramide, die in Fig. 115 zwischen den Ebenen E und Π_1 liegt.

82. Eine vierseitige, unregelmäßige Pyramide, deren Grundfläche in der Grundrißebene liegt, ist mit einer Ebene so zu schneiden, daß die Schnittfigur ein Parallelogramm ist.

83. Man stelle eine regelmäßige, achtseitige Pyramide dar, deren Grundfläche zu den beiden Projektionsebenen schief liegt, und bestimme ihren Schnitt mit einer beliebigen Ebene.

§ 22. Durchdringungen von Vielflachen.

Sind zwei Vielflache so angeordnet, daß die von ihnen umschlossenen Raumteile teilweise zusammenfallen, so *durchdringen* sich ihre Begrenzungsflächen. Die Durchdringung ist im allgemeinen ein *räumliches* oder *windschiefes Vieleck*, da nicht alle Ecken desselben in einer Ebene zu liegen pflegen. Die Ecken des Durchdringungspolygons sind die Schnittpunkte der Kanten des einen Vielflachs mit den Seitenflächen des anderen; die Seiten sind die Verbindungsgeraden der Ecken oder also die Schnittgeraden der Seitenflächen beider Vielflache.

In *Fig. 117* ist die Durchdringung eines Vierflächners $ABCD$ mit einem Sechsflächner 1 2 3 4 5 6 7 8 dargestellt (in einer Pro-

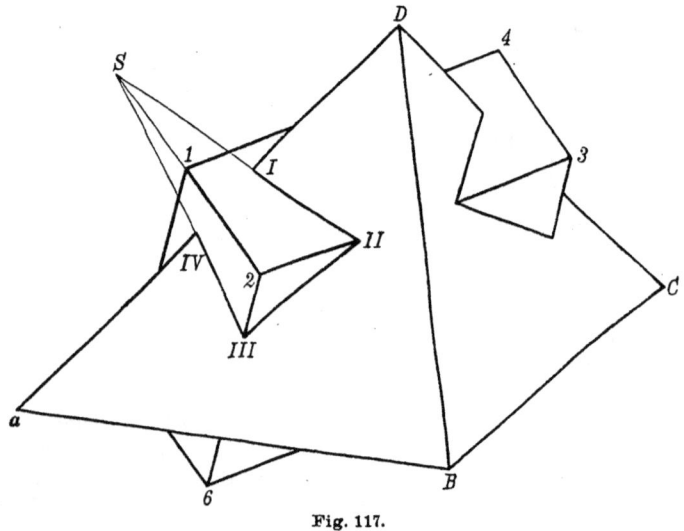

Fig. 117.

jektion, Kap. I). Zur Bestimmung der Durchdringungsfigur (von der nur die sichtbaren Kanten eingezeichnet sind), kann man entweder deren *Kanten* ermitteln, z. B. die Schnittgerade I, II der beiden Flächen ABD und 1 2 3 4 oder aber deren *Ecken*, z. B. den Schnittpunkt III der Kante 2, 6 mit der Fläche ABD. Dabei bedient man sich am vorteilhaftesten der Konstruktionsmethoden ohne Spuren (Fig. 62—64). Auch wird man von der Tatsache Gebrauch machen, daß jeweilen die Schnittgeraden dreier Ebenen zu je zweien, durch *einen* Punkt, den Schnittpunkt der drei Ebenen, gehen. So gehen in der Fig. 117 die Kanten I, II und III, IV der Durchdringung durch einen Punkt S der (verlängerten) Kante 1, 2. Wenn man also die Kante I, II kennt und den Punkt III, so kann man IV unmittelbar angeben.

Sind die Ecken der Durchdringungsfigur konstruiert, so sind sie richtig zu *verbinden*. Zwei dieser Ecken geben dann und nur dann eine Kante des Durchdringungspolygons, wenn sie auf beiden Vielflachen der nämlichen Fläche angehören, wenn also ihre Verbindungsgerade die Schnittgerade dieser beiden Flächen ist.

Werden die Flächen beider Körper als undurchsichtig betrachtet, so ist noch die *Sichtbarkeit* der einzelnen Ecken und Kanten der Durchdringung zu bestimmen. Eine Ecke ist in einer Projektion sichtbar, wenn sie einer sichtbaren Kante des einen und einer sichtbaren Fläche des anderen Vielflachs angehört. Eine Kante der Durchdringung ist sichtbar, wenn die beiden Ecken sichtbar sind, welche sie verbindet. —

Die Konstruktion der Ecken der Durchdringung läßt sich einfach und planmäßig gestalten, wenn die Vielflache *Prismen* oder *Pyramiden* sind. In diesem Falle lassen sich besonders geeignete Hilfsebenen zur Bestimmung der Ecken angeben.

a) *Durchdringung zweier Prismen.* Man legt Hilfsebenen durch die Seitenkanten des einen Prismas parallel zu den Seitenkanten des anderen. Sollen z. B. in *Fig. 118* die Schnittpunkte der Seitenkante A des einen Prismas mit dem anderen bestimmt werden, so bestimme man zunächst die Stellung der beiden Hilfsebenen, indem man durch einen Punkt P des Raumes die Parallelen h und k zu den Seitenkanten beider Prismen legt; liegen die Grundflächen beider Prismen in der nämlichen Projektionsebene, hier in der Grundrißebene, so ermittle man die entsprechende Spur e_1 der Hilfsebene. Die durch die Seitenkante A des Prismas gehende Hilfsebene hat dann eine erste Spur von dieser Richtung. Trifft diese Spur die Grundfigur des anderen in zwei Punkten U und V, so schneidet die Hilfsebene dieses Prisma in zwei Geraden durch diese Punkte und parallel zu den Seitenkanten, deren Schnittpunkte 1 und 2 mit der Seitenkante A die gesuchten Punkte sind. Solche Hilfsebenen legt man durch alle weiteren in Frage kommenden Seitenkanten.

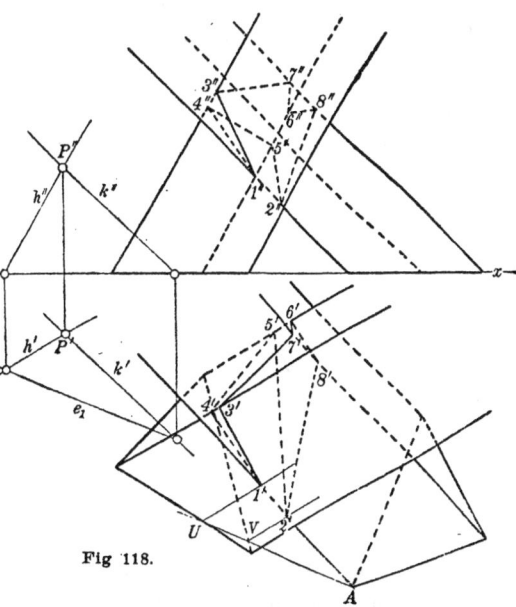

Fig. 118.

b) *Durchdringung zweier Pyramiden.* Man legt Hilfsebenen durch die Seitenkanten der einen Pyramide und durch die Spitze der anderen. Soll in *Fig. 119* der Schnittpunkt der Seitenkante

$M_1 A$ der einen Pyramide mit der anderen bestimmt werden, so beachte man, daß alle Hilfsebenen durch die Verbindungsgeraden beider Spitzen M_1 und M_2 gehen, so daß die ersten Spuren aller durch den ersten Spurpunkt dieser Geraden gehen. Trifft die durch A gehende Spur die Grundfigur in zwei Punkten U und V, so schneidet die Hilfsebene die Pyramide in den Geraden $M_2 U$ und $M_2 V$, deren Schnittpunkte 1 und 2 mit $M_1 A$ die gesuchten Punkte sind. (In Fig. 119 ist die Gerade $M_1 M_2$ zur Projektionsebene parallel, d. h. die beiden Pyramiden sind gleich hoch.)

Besteht die Durchdringungsfigur aus einem einzigen geschlossenen Linienzug, so redet man von einer *Eindringung*, besteht sie aus zwei geschlossenen Linienzügen, so liegt eine eigentliche *Durchdringung* vor.

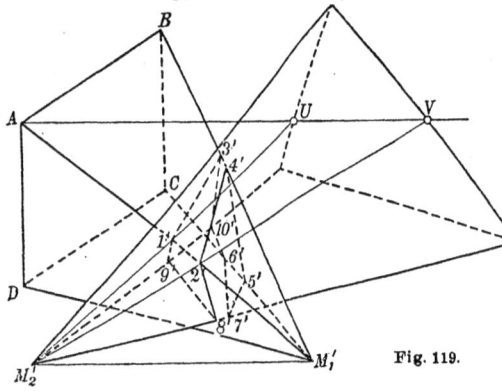

Fig. 119.

Aufgaben:

84. Man vervollständige die Durchdringung der beiden Vielflache in Fig. 117, indem man zwei Projektionen zeichnet und die unsichtbaren Kanten des Durchdringungspolygons konstruiert.

85. Man bestimme die Durchdringung zweier Prismen oder Pyramiden, wenn ihre Grundflächen in verschiedenen Projektionsebenen liegen.

86. Man konstruiere die Netze von zwei sich durchdringenden Prismen oder Pyramiden und schneide das eine derselben so aus, daß die Modelle beider Körper in die richtige gegenseitige Lage gebracht werden können.

IV. Einfache Körper mit krummen Flächen.

Die einfachsten Körper, an denen krumme Begrenzungsflächen auftreten, sind der *gerade* und der *schiefe Kreiszylinder* (*Fig. 120 a* und *b*), der *gerade* und der *schiefe Kreiskegel* (*Fig. 121a* und *b*) und die *Kugel*.

§ 23. Der gerade Kreiszylinder.

Wenn eine Gerade um eine zu ihr parallele Achse gedreht wird, so beschreibt sie eine *Drehzylinderfläche*, die sich nach beiden Seiten ins Unendliche erstreckt. Die verschiedenen Lagen der *erzeugenden Geraden* sind die *Mantellinien* dieser Fläche. Jeder zur Achse rechtwinklige *Normalschnitt* ist ein *Kreis*, jeder andere zur

Achse geneigte ebene Schnitt eine *Ellipse* (§ 5). Zwei zur Achse
normale Ebenen begrenzen einen Körper, einen *geraden Kreiszylinder*
oder eine *Walze*.

In *Fig. 122* ist ein gerader Kreiszylinder dargestellt, der mit
einer Mantellinie auf der Grundrißebene liegt. Der Grundriß der
Achse $a \equiv OO_1$ fällt dann mit dieser Mantellinie zusammen, der

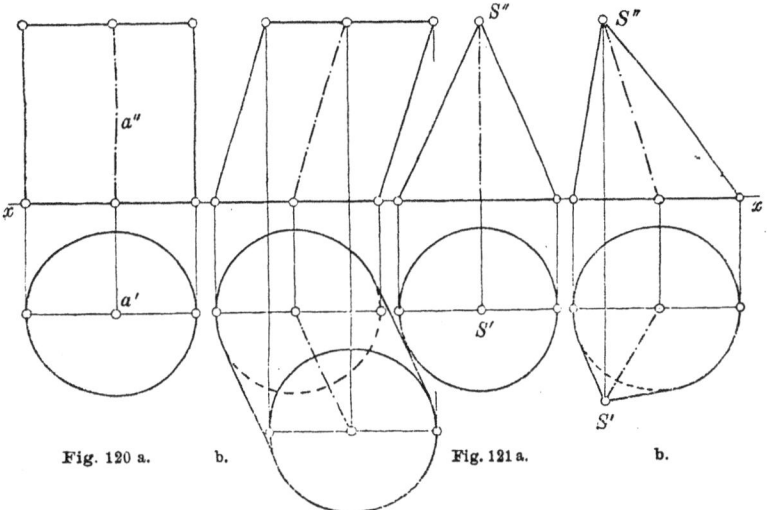

Fig. 120 a. b.   Fig. 121 a.   b.

Aufriß ist parallel zur x-Achse in einem Abstand, der gleich ist
dem Radius des Zylinders.

Die beiden Normalschnitte durch O_1 und O stellen sich im
Grundriß als gerade Strecken dar, im Aufriß als kongruente Ellipsen.
Man konstruiert die eine derselben, indem man den Normalschnitt
umlegt in die Grundrißebene. Die große Achse der Ellipse ist dann
der Aufriß des zu Π_1 normalen Durchmessers CD, die kleine Achse
der Aufriß des zu Π_1 parallelen Durchmessers AB. Ist $[P]$ die
Umlegung eines beliebigen Kreispunktes, so liegt der Grundriß P'
als Fußpunkt der Normalen aus $[P]$ in der Drehachse, der Aufriß
in der Ordnungslinie durch diesen Punkt und hat die Kote $P'[P]$.
Aus der umgelegten Tangente $[t]$ dieses Punktes findet man deren
Aufriß t'' mit Benützung ihres ersten Spurpunktes T_1.

Jede zur Achse des Zylinders parallele Ebene, deren Abstand
von der Achse kleiner ist als der Radius des Zylinders, schneidet
dessen Mantel in zwei Erzeugenden, da sie den Normalschnitt in
zwei Punkten trifft.

Jede zur Achse parallele Ebene, deren Abstand von der Achse
gleich ist dem Radius des Zylinders, hat nur eine Erzeugende mit
ihm gemein, da sie auch mit dem Normalschnitt nur einen Punkt
gemein hat. Denkt man sich eine solche Ebene um einen sehr

IV. Einfache Körper mit krummen Flächen

kleinen Betrag verschoben gegen die Achse hin, so schneidet sie den Zylinder in zwei Erzeugenden, die sehr nahe aneinander verlaufen. Man kann daher jede Ebene, die mit dem Zylinder nur eine Mantellinie gemein hat, auffassen als die Grenzlage einer Ebene, die mit dem Zylinder zwei sehr nahe aneinander liegende Erzeugende gemein hat. Eine solche Ebene heißt *Berührungs-* oder *Tangentialebene* des Zylinders; sie berührt den Zylinder längs einer Mantellinie.

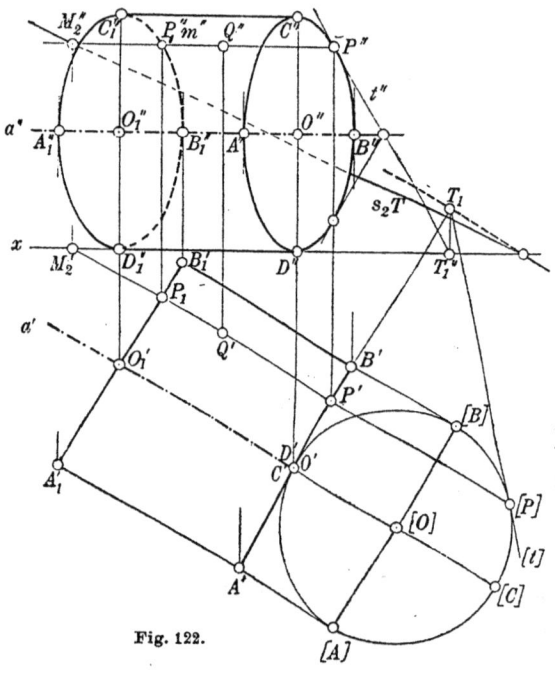

Fig. 122.

Ist Q ein beliebiger Punkt der Zylinderfläche, so findet man seine Tangentialebene, indem man die Mantellinie m des Punktes in P zum Schnitt bringt mit dem einen der Normalschnitte. Die Spur der Tangentialebene mit der Ebene des Normalschnittes ist dann die Tangente t in P an den Kreis und kann in der Umlegung angegeben werden. Die erste Spur der Tangentialebene T geht dann durch den ersten Spurpunkt T_1 dieser Tangente und ist parallel zu den Mantellinien. Da die Tangentialebene durch die Mantellinie m geht, muß ihre zweite Spur durch den zweiten Spurpunkt M_2 dieser Geraden gehen.

In *Fig. 123* ist der Schnitt eines Zylinders mit einer zu seiner Achse schiefen Ebene dargestellt. Zur Konstruktion der beiden Projektionen der Schnittellipse führe man eine zur Schnittebene normale neue Aufrißebene ein, bediene sich also des nämlichen Verfahrens, das in den §§ 19 und 20 für die ebenen Schnitte der Prismen und Pyramiden auseinandergesetzt worden ist. Der ebene Schnitt erscheint in dieser dritten Projektion als gerade Strecke, so daß sich die Schnittpunkte der einzelnen Erzeugenden mit der Ebene in dieser Projektion unmittelbar ergeben und damit auch im Grundriß und im Aufriß finden lassen, da die Koten bezüglich der Grundrißebene in der dritten Projektion in wahrer Größe erscheinen. Man findet die Tangente an die Schnittkurve in einem ihrer Punkte P, indem man die Tangentialebene, die den Zylinder in diesem Punkte berührt, zum Schnitt bringt mit der Ebene des Schnittes, in Fig. 123 am besten, indem man den ersten Spur-

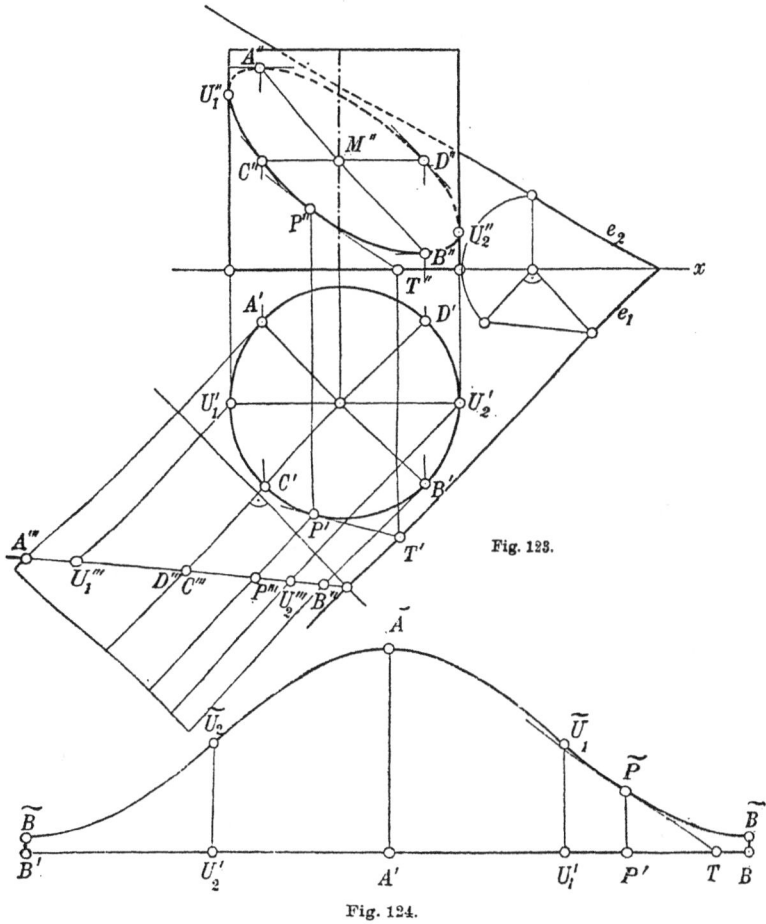

Fig. 123.

Fig. 124.

punkt T derselben benützt. Denn diese Gerade liegt in der Schnittebene und trifft den Zylinder in zwei unendlich-benachbarten Punkten, da sie in einer Tangentialebene liegt; sie hat also auch mit der Schnittkurve zwei unendlich benachbarte Punkte gemein, ist also eine Tangente derselben.

Fig. 124 enthält die *Abwickelung* des Zylinderstückes zwischen dem Grundkreis und der Schnittfigur. Denkt man sich nämlich den Mantel durch unendlich viele Erzeugenden in unendlich viele, unendlich schmale Streifen zerlegt, so kann man diese *Flächenelemente* als *eben* betrachten und alle in dieselbe Ebene ausgebreitet denken. Dabei bleiben die Erzeugenden zueinander parallel und auch der rechte Winkel, den sie mit dem Grundkreis bilden, bleibt in seiner Größe erhalten, so daß der Grundkreis sich in eine zu den abgewickelten Mantellinien rechtwinklige gerade Strecke von der Länge $2\pi r$ ausbreitet, wenn r der Radius des Zylinders ist. Man findet diese Länge durch Berechnung oder aber durch eine Näherungskonstruktion, etwa dadurch, daß man den Grundkreis in eine Anzahl gleicher Teile einteilt und die Sehne statt des Bogens nimmt. Je größer die Zahl dieser Teile ist, um so geringer wird der Fehler sein, den man dabei begeht. Man findet die Abwickelung der Schnittellipse, indem man die wahre Länge der Mantellinien dem Aufriß entnimmt. Zur Bestimmung der Tangente an die abgewickelte Kurve beachte man, daß sich bei der Abwickelung der

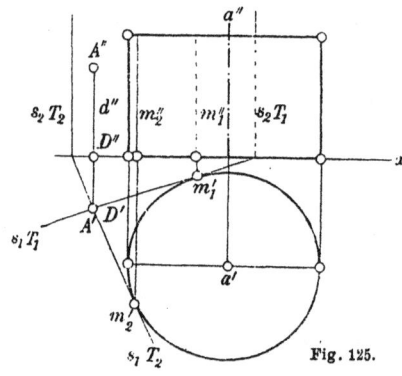

Fig. 125.

Winkel nicht ändert, den die Kurve an jeder Stelle P mit der Mantellinie des Zylinders bildet; denn dieser Winkel liegt in der Tangentialebene des Punktes, also in der Ebene, die das Flächenelement enthält. Da nun aber dieser Winkel im rechtwinkligen Dreieck TPP' bei der Ecke P vorkommt, so hat man die Strecke $P'T$ im Grundriß zu messen und in der Abwickelung von P' aus auf den abgewickelten Grundkreis anzutragen; es ist dann $\bar{P}\bar{T}$ die Tangente an die Abwickelung der Kurve in $\bar{P}$.

Durch jeden Punkt A des Raumes, dessen Entfernung von der Achse einer geraden Kreiszylinderfläche größer ist als deren Radius, gehen zwei Tangentialebenen der Fläche. Weil nämlich jede Tangentialebene längs einer Mantellinie den Zylinder berührt, so muß die Gerade d durch A in Richtung der Mantellinien in jeder Tangentialebene enthalten sein, die durch den Punkt A geht; trifft diese Gerade in *Fig. 125* die Ebene des Grundkreises in D, so muß die Spur jeder durch A gehenden Tangentialebene durch diesen Punkt gehen und Tangente an den Grundkreis sein, so daß zwei solche Ebenen erhalten werden, wenn der Punkt A, also auch der Punkt D, von der Achse eine Entfernung haben, die größer ist als der Radius des Zylinders.

Betrachtet man A als leuchtenden Punkt, so berührt jeder durch A gehende Lichtstrahl, der in einer der beiden Tangentialebenen liegt, die Zylinderfläche. Die beiden Tangentialebenen sind die *Lichtebenen,* die man von A aus an die Fläche legen kann; ihre beiden Berührungserzeugenden sind die *Grenzen des Eigenschattens* auf der

Fläche, die den beleuchteten Teil derselben von dem im Schatten liegenden trennen.

Aufgaben: 87. Man konstruiere den Schatten, den ein auf der Grundrißebene liegender gerader Kreiszylinder auf die Projektionsebenen wirft, wenn die punktförmige Lichtquelle gegeben ist.

88. Man konstruiere den Schatten eines auf der Grundrißebene stehenden geraden Kreiszylinders, wenn die Richtung der Lichtstrahlen gegeben ist.

89. Man bestimme diejenigen Punkte einer gegebenen Geraden g, die von einer anderen, zur ersten windschiefen Geraden l doppelt so weit entfernt sind, als der kürzeste Abstand der beiden Geraden beträgt.

§ 24. Der gerade Kreiskegel.

Wenn eine Gerade um eine Achse, mit der sie einen spitzen Winkel bildet, gedreht wird, so beschreibt sie eine *Drehkegelfläche*, die aus zwei sich ins Unendliche ausbreitenden *Mänteln* besteht, die in der *Spitze* zusammenhängen. Die verschiedenen Lagen der *erzeugenden Geraden* oder *Mantellinie* bilden mit der *Achse* einen Winkel von unveränderlicher Größe. Jeder zur Achse rechtwinklige *Normalschnitt* der Fläche ist ein Kreis. Der Körper zwischen einem Normalschnitt und der Spitze ist ein *gerader Kreiskegel*.

Man erhält die einfachste *Darstellung* eines geraden Kreiskegels, wenn man seine *Leitlinie*, d. h. einen Normalschnitt, in eine der Projektionsebenen legt (*Fig. 126*). Ist P' der Grundriß eines Punktes der Mantelfläche, so findet man den zugehörigen Aufriß P'', indem man die Mantellinie m durch P und die Spitze S benützt. Trifft diese den Leitkreis in P_0, so ergibt sich m'' aus P_0'' und P'' liegt auf m''.

Eine beliebige Ebene durch m schneidet die Kegelfläche noch in einer zweiten Mantellinie n, da ihre erste Spur den Leitkreis noch in einem zweiten Punkt Q_0 schneiden wird. Denkt man sich diese Ebene um m gedreht, indem man den Punkt Q_0

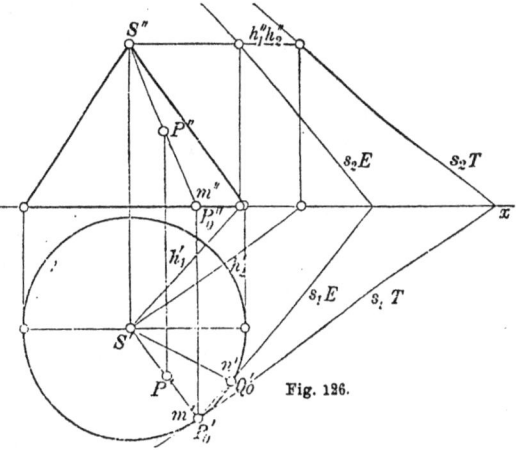

Fig. 126.

dem Punkte P_0 nähert, so wird sich die Mantellinie n der Mantellinie m nähern. Fällt schließlich Q_0 mit P_0 zusammen, so fällt auch

IV. Einfache Körper mit krummen Flächen

n mit m zusammen und die Ebene, die man so erhält, *berührt* die Kegelfläche längs der Erzeugenden m, ist also eine sog. *Tangentialebene* derselben. Man bestimmt daher die Tangentialebene T in einem Punkte P einer Kegelfläche, indem man die Mantellinie des Punktes schneidet mit dem Leitkreis und in diesem Punkte die Tangente an ihn zieht.

In *Fig. 127* ist ein gerader Kreiskegel dargestellt, dessen Spitze S in der ersten Projektionsebene liegt, während sein Leitkreis in einer Parallelebene zu dieser Projektionsebene liegt. Man soll durch einen Punkt A des Raumes Tangentialebenen an die Kegelfläche legen.

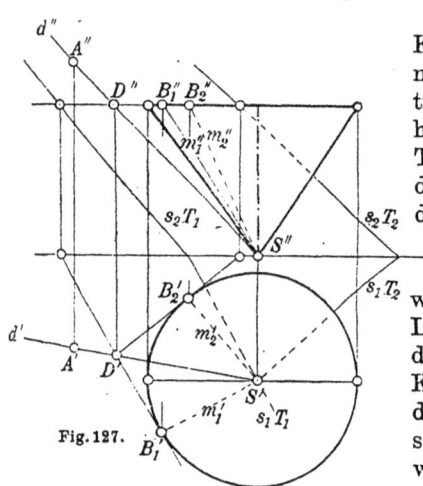

Fig. 127.

Da jede Tangentialebene der Kegelfläche durch die Spitze geht, muß jede durch A gehende Tangentialebene die Gerade $d \equiv AS$ enthalten. Die Spuren der gesuchten Tangentialebenen mit der Ebene des Leitkreises müssen also durch den Durchstoßpunkt D dieser Geraden mit der genannten Ebene gehen. Fällt dieser, wie in Fig. 127, außerhalb des Leitkreises, ist also der Winkel der Geraden d mit der Achse der Kegelfläche größer als der Winkel der Mantellinien mit der Achse, so hat die Aufgabe zwei Lösungen, weil dann zwei Tangenten von D aus an den Leitkreis gezogen werden können. Die Berührungspunkte dieser Tangenten liefern Punkte der Berührungsmantellinien m_1 und m_2, längs welchen der Kegel von den beiden Tangentialebenen berührt wird. Die von D ausgehenden Tangenten sind erste Spurparallelen der Tangentialebenen, woraus sich die Spuren dieser Ebenen T_1 und T_2 ergeben.

Befindet sich an der Stelle A eine punktförmige *Lichtquelle*, so enthalten die beiden durch A gehenden Tangentialebenen alle Lichtstrahlen, welche die Kegelfläche berühren; denn jeder dieser Strahlen schneidet die Fläche in zwei Punkten, die einander unendlich nahe liegen. Die Mantellinien m_1 und m_2 sind daher die *Schattengrenzen auf dem Kegel*.

Aufgaben: 90. Man konstruiere in Fig. 127 den Schlagschatten, den der Kegel auf die Projektionsebenen wirft.

91. Man stelle einen geraden Kreiskegel dar, der auf der Grundrißebene liegt, die er längs einer Mantellinie berührt.

92. Man konstruiere die Tangentialebenen einer geraden Kreiskegelfläche, die zu einer gegebenen Geraden parallel sind.

Ebene Schnitte der geraden Kreiskegelfläche 75

93. Man konstruiere die Schnittpunkte einer gegebenen Geraden mit einem gegebenen Kreiskegel.

94. Man bestimme den Schatten eines Punktes auf eine gerade Kreiskegelfläche.

§ 25. Ebene Schnitte der geraden Kreiskegelfläche.

Eine Ebene kann in bezug auf eine Kegelfläche Lagen haben, die im folgenden unterschieden werden.

1. *Die Ebene geht durch die Spitze.* Es gilt dann der Satz:

Eine Ebene, die durch die Spitze einer geraden Kreiskegelfläche geht, schneidet diese in zwei Mantellinien, oder berührt sie längs

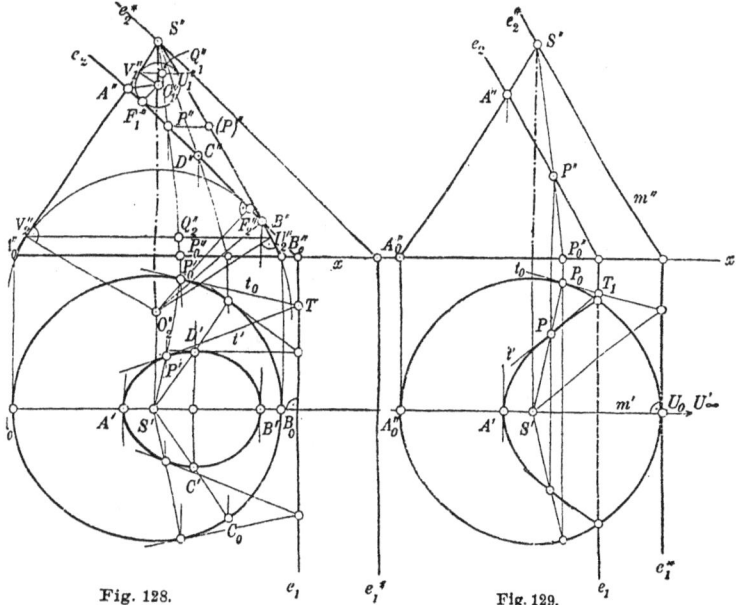

Fig. 128.   Fig. 129.

einer Mantellinie, oder hat nur die Spitze mit ihr gemein, je nachdem ihr Winkel mit der Achse kleiner, gleich oder größer ist als der Winkel der Mantellinien mit der Achse.

Denn im ersten Fall wird die Ebene den Leitkreis in zwei Punkten schneiden, im zweiten wird sie den Leitkreis berühren und im dritten keinen Punkt mit ihm gemein haben.

2. *Die Ebene geht nicht durch die Spitze.* Dann ist der Schnitt der Ebene mit der Kegelfläche eine *Kurve*. Diese ist ein *Kreis*, wenn die Ebene zur Achse normal ist, dagegen ein *allgemeiner Kegelschnitt*, wenn dies nicht der Fall ist. Es gilt dann der Satz:

*Der Schnitt einer Ebene mit einer geraden Kreiskegelfläche ist eine **Ellipse**, eine **Parabel** oder eine **Hyperbel**, je nachdem*

die *Parallelebene zu ihr durch die Spitze keine, eine oder zwei Mantellinien mit der Kegelfläche gemein hat (Fig. 128, 129 und 130).*
Im ersten Fall muß die Schnittkurve eine im Endlichen geschlossene, ovalförmige Kurve sein, da alle Erzeugenden des einen Mantels von der Ebene geschnitten werden. Im zweiten Fall ist *eine* Mantellinie zur Schnittebene parallel, so daß die Schnittkurve einen unendlich-fernen Punkt besitzt, sich also ins Unendliche erstreckt. Im dritten Fall sind zwei Mantellinien zur Schnittebene parallel, so daß die Kurve zwei unendlichferne Punkte aufweist; sie besteht aus zwei Ästen, die auf den zwei verschiedenen Mänteln der Fläche liegen. Daß die Schnittkurven die aus der Elementargeometrie bekannten „Kegelschnitte" sind, wie der Satz behauptet, wird sich in der Folge ergeben.

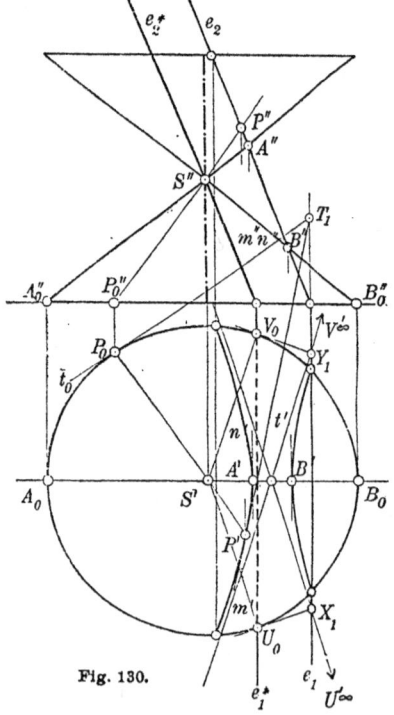

Fig. 130.

Man konstruiert die Schnittkurve einer Ebene mit einer Kegelfläche, indem man die Mantellinien derselben mit der Ebene zum Schnitt bringt. Zur bequemen Ausführung dieser Konstruktion ist in Fig. 128 die Aufrißebene normal zur Schnittebene gelegt worden, eine Disposition, die sich ja durch Transformation stets erreichen läßt. Dann erscheint der Aufriß der Schnittkurve als gerade Strecke, und aus den Aufrissen A'', B'', P'' ... der Schnittpunkte einzelner Mantellinien mit der Ebene E ergeben sich die zugehörigen Grundrisse A', B', P' ... Die Tangente in P an die Schnittkurve ist die Schnittgerade der Tangentialebene dieses Punktes mit der Ebene der Kurve. Denn weil diese Schnittgerade in der Tangentialebene des Punktes P liegt, so schneidet sie die Kegelfläche, also auch die Schnittkurve, in zwei zusammenfallenden Punkten, ist also eine Tangente derselben. Da die Spur dieser Tangentialebene die Tangente in P_0 an den Grundkreis des Kegels ist, so geht die Tangente t durch den Schnittpunkt T dieser Spur mit der Spur e_1, da sich in diesem Punkte Schnittebene, Tangentialebene und Grundrißebene schneiden.

Zum Nachweis der behaupteten Natur der Schnittkurve denke man sich die beiden Kugeln gelegt, die der Kegelfläche eingeschrieben sind und die Schnittebene berühren. Die Mittelpunkte O_1 und

O_2 dieser Kugeln liegen auf der Achse und werden gefunden, wenn man in A'' und B'' die Halbierenden $A''O_1''$ bzw. $B''O_2''$ der Winkel zieht, die von der Schnittebene mit den äußersten Mantellinien SA_0 bzw. SB_0 des Kegels gebildet werden. Fällt man aus diesen Punkten O_1 und O_2 die Normalen O_1F_1 bzw. O_2F_2 auf die Schnittebene, so erhält man die Radien der beiden Kugeln und kann ihre Umrisse in der zweiten Projektion zeichnen. Diese Berührungspunkte F_1 und F_2 der Kugeln mit der Schnittebene sind nun die *Brennpunkte* der Schnittellipse. Denn schneidet die Mantellinie eines beliebigen Punktes P der Schnittkurve die Kreise, längs welchen die Kugeln den Kegel berühren, in Q_1 bzw. Q_2, so ist, ohne daß dies in Fig. 128, die eine Projektion ist, unmittelbar ersichtlich wäre,
$$PQ_1 = PF_1, \qquad PQ_2 = PF_2$$
als Tangenten von P aus an die eine bzw. andere Kugel. Da nun aber für alle Punkte P der Schnittkurve die Summe
$$PQ_1 + PQ_2 = Q_1Q_2$$
eine *konstante Länge* hat, nämlich gleich ist der Länge der Kegelmantellinie zwischen den beiden Berührungskreisen, so ist auch
$$PF_1 + PF_2$$
konstant für alle Punkte der Schnittkurve, so daß diese eine *Ellipse* mit den Brennpunkten F_1 und F_2 bilden. Es ist
$$PF_1 + PF_2 = AB,$$
d. h. gleich der *großen Achse* der Ellipse; denn es ist
$$AV_1 = AF_1, \qquad AV_2 = AF_2,$$
also $\qquad AF_1 + AF_2 = V_1V_2,$
ferner $\qquad BU_1 = BF_1, \qquad BU = BF_2,$
also $\qquad BF_1 + BF_2 = U_1U_2,$
so daß durch Addition dieser Gleichungen entsteht:
$$V_1V_2 + U_1U_2 = 2 \cdot U_1U_2 = AF_1 + AF_2 + BF_1 + BF_2$$
$$= (AF_1 + BF_1) + (AF_2 + BF_2) = 2 \cdot AB,$$
so daß $\qquad U_1U_2 = AB \quad$ ist.

Auf ähnliche Weise beweist man in den Fig. 129 und 130, daß die Schnittkurve eine Parabel bzw. eine Hyperbel ist.

In Fig. 129 gibt die Mantellinie m, die zur Schnittebene E parallel ist, die Richtung der *Achse* der Parabel.

In Fig. 130 kann man auch die *Asymptoten* der Hyperbel bestimmen. Die Parallelebene E* zu E durch die Spitze des Kegels schneidet aus diesem zwei Mantellinien m und n, die von der Schnitt-

78   IV. Einfache Körper mit krummen Flächen

ebene im Unendlichen getroffen werden, da sie zu ihr parallel sind. Mithin geben diese beiden Geraden die *Richtung der Asymptoten* der Hyperbel. Um die Asymptoten selbst zu finden, beachte man, daß sie die Tangenten in den unendlich-fernen Punkten U und V der Hyperbel sind, also die Schnittgeraden der Kurvenebene mit den Tangentialebenen längs der Mantellinie m und n. Zieht man daher in den ersten Spurpunkten U_0 und V_0 dieser Mantellinien die Spuren dieser Tangentialebenen als Tangenten an den Grundkreis des Kegels, so liefern diese auf der ersten Spur e_1 der Schnittebene die ersten Spurpunkte X_1 und Y_1 der beiden Asymptoten, deren Grundrisse zu m' bzw. n' parallel sind.

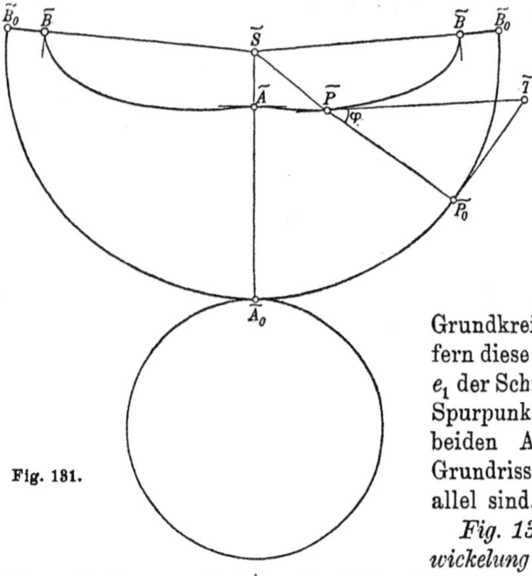

Fig. 181.

Fig. 131 enthält die *Abwickelung* des Kegels, der in Fig. 128 dargestellt ist, unter Mitnahme des elliptischen Schnittes. Der Mantel breitet sich aus in Form eines Kreissektors, dessen Radius gleich ist der wahren Länge der Mantellinien des Kegels; der Bogen des Sektors ist gleich dem Umfang des Grundkreises des Kegels, kann also durch Rechnung oder durch Näherungskonstruktion gefunden werden. Man ermittelt die Abwickelung $\tilde{P}$ eines beliebigen Punktes P der Schnittkurve, indem man in Fig. 128 durch Drehung die wahre Länge seiner Entfernung von der Kegelspitze bestimmt und in Fig. 131 anträgt auf der abgewickelten Mantellinie. Zur Bestimmung der Tangente in $\tilde{P}$ an die abgewickelte Kurve beachte man, daß der Winkel, unter dem eine auf der Kegelfläche verlaufende Kurve an jeder Stelle die Mantellinie trifft, sich bei der Abwickelung nicht ändert, weil dieser Winkel in der Tangentialebene des Punktes liegt. Man hat also den Winkel in wahrer Größe zu ermitteln, den die Tangente in P an die Ellipse mit der Mantellinie von P bildet. Dieser Winkel φ kommt vor in einem rechtwinkligen Dreieck, dessen eine Kathete das Stück $P_0 P$ der Mantellinien ist und dessen andere Kathete das Stück $P_0 T$ zwischen den ersten Spurpunkten der Tangente und der Mantellinie ist. Da beide Stücke bekannt sind, kann der Winkel angetragen werden.

Die Kugel 79

Aufgaben: 95. Man bestimme den Schatten einer Strecke auf eine Kegelfläche.

96. Eine gerade Kreiskegelfläche, deren Mantellinien mit der Achse einen Winkel von 60^0 bilden, ist mit einer Ebene so zu schneiden, daß die Schnittkurve eine gleichseitige Hyperbel ist, der Winkel der Asymptoten also 90^0 ist.

§ 26. Die Kugel.

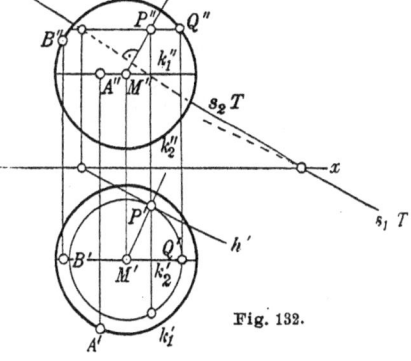

Eine *Kugel* ist bestimmt durch ihren Mittelpunkt und ihren Radius. Ist in *Fig. 132* der Mittelpunkt M gegeben durch seine Projektionen, so sind die Kreise um diese Punkte mit dem gegebenen Kugelradius die *Umrisse* in den beiden Projektionen. Der erste Umriß k_1 ist der Großkreis, dessen Ebene zu Π_1 parallel ist, der zweite k_2 liegt in der Großkreisebene parallel zu Π_2.

Fig. 132.

Kennt man die eine der beiden Projektionen eines Kugelpunktes, so kann die andere bestimmt werden. Ist z. B. P' gegeben, so lege man durch P den zu Π_1 parallelen Kleinkreis der Kugel, der sich im Grundriß in wahrer Größe darstellt, während der Aufriß eine zur x-Achse parallele Strecke ist, deren Kote man findet, indem man den Schnittpunkt Q von p mit dem zweiten Umriß k_2 benützt. P'' liegt auf p''.

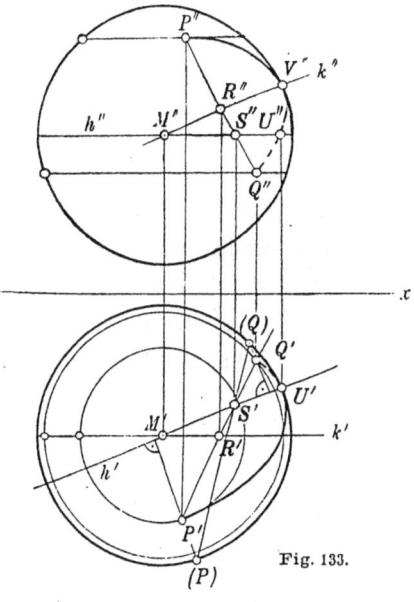

Denkt man sich durch P die Ebene gelegt, deren Abstand vom Mittelpunkt gleich ist dem Kugelradius, so hat diese mit der Kugel keine weiteren Punkte außer P gemein, sie ist eine *Tangentialebene* der Kugel. Diese wird in Fig. 132 dargestellt als die Normalebene durch P zum Radius MP.

Fig. 133.

Man bestimme in *Fig. 133* die *sphärische Entfernung* der beiden Kugelpunkte P und Q, also die wahre Länge des Großkreisbogens, der die Punkte verbindet. Dazu lege man die Ebene durch P, Q

6*

80 IV. Einfache Körper mit krummen Flächen

und M, deren erste Hauptlinie h durch M man findet, indem man etwa ihren Schnittpunkt S mit PQ benützt. Klappt man den Großkreis um die Achse h um in die durch M gehende Hauptebene, so fällt er zusammen mit dem ersten Umriß, so daß (P) und (Q) auf den ersten Umriß und in die Normalen aus P' bzw. Q' zu h' fallen. Der Bogen $(P)(Q)$ ist die gesuchte Länge. Durch Affinität ergeben sich die Projektionen des Großkreisbogens.

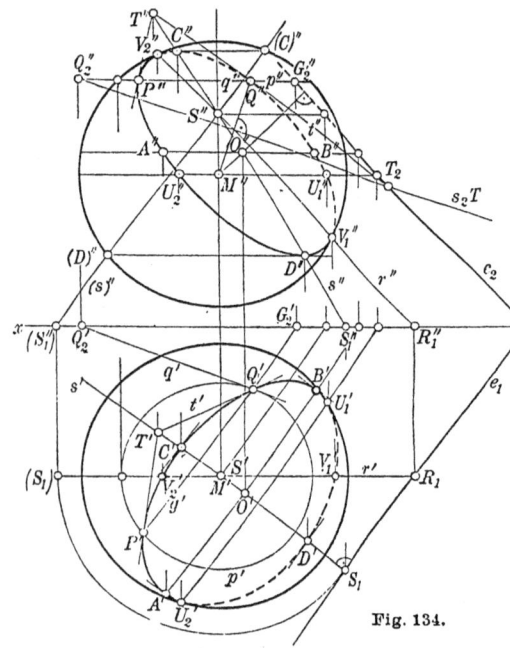

Fig. 134.

Jeder *ebene Schnitt* einer Kugel ist ein *Kreis*. Man konstruiert in *Fig. 134* Punkte der Schnittkurve der Ebene E mit der Kugel, indem man Parallelkreise der Kugel, die zur Grundrißebene parallel sind, mit der Ebene schneidet. Ist p ein solcher Kreis, so bestimme man die Schnittgerade seiner Ebene mit der Ebene E; die Schnittpunkte P und Q dieser Geraden mit dem Kreis p gehören der Schnittkurve an. Die Tangente t an den Schnittkreis im Punkte Q ist die Schnittgerade der Ebene E mit der Tangentialebene in Q an die Kugel; diese geht durch die Tangente q in Q an den Kleinkreis p, so daß ihre zweite Spur $s_2\,T$ durch Q_2 geht und zu $M''Q''$ normal ist. Der Aufriß t'' der Schnittgeraden beider Ebenen verbindet daher den Schnittpunkt T_2 ihrer beiden zweiten Spuren mit Q''.

Die Schnittkurve der Ebene mit der Kugel ist normal-symmetrisch zur Schnittgeraden s von E mit der Normalebene durch M zu E. P' und Q' liegen also normal-symmetrisch zu s', P'' und Q'' schief-symmetrisch zu s''. Daher treffen sich die Tangenten in P und Q an den Kreis auf der Symmetrieachse s in T, und man findet die Grundrisse der beiden Tangenten am besten gleichzeitig durch den Grundriß von T. Zur vollständigen Darstellung des Kreises wird man seine ausgezeichneten Punkte aufsuchen. Sein Mittelpunkt O ist der Fußpunkt der Normalen, die man von M aus auf die Ebene fällt; er liegt auf s, so daß O'' unmittelbar bekannt ist. Die große Achse $A'B'$ der Grundrißprojektion liegt in der durch O gehenden Parallelebene zur Grundrißebene, ihre kleine Achse $C'D'$ liegt in der Symmetrieachse s und wird erhalten, indem man s dreht um den zu Π_1 normalen Durchmesser der Kugel. Die ersten Umrißpunkte U_1 und U_2 liegen auf dem ersten Umrißkreis, dessen Ebene man also mit E schneiden muß; die zweiten Umrißpunkte V_1 und V_2 sind die Schnittpunkte des zweiten Umrißkreises mit der Geraden r, die von der Ebene E aus seiner Ebene geschnitten wird. Die Geraden s und r treffen sich im Schnittpunkt S der Ebene E mit dem vertikalen Durchmesser der Kugel.

Aufgaben: 97. Man bestimme die Schnittpunkte einer Geraden mit einer Kugel.

98. Man bestimme die Tangentialebenen durch eine Gerade an eine Kugel.

99. Man konstruiere den Schatten, den eine Kugel auf die Projektionsebenen wirft, wenn die Lichtstrahlen durch einen gegebenen Punkt gehen oder eine gegebene Richtung haben.

100. Drei gleich große Kugeln liegen auf der Grundrißebene und berühren einander. Eine vierte Kugel, deren Radius halb so groß ist, liegt auf den drei Kugeln; man stelle die Figur in beiden Projektionen dar.

Als Band II des vorliegenden Buches erschien von demselben Verfasser:
Darstellende Geometrie. 2., erw. Auflage. Mit 144 Fig. [VI u. 154 S.] 8. 1921. (TL 3.) Kart. M. 38.—.

<small>Anschließend an den in der 1. Auflage unter dem Titel „Elemente der darstellenden Geometrie" bereits auch in 2. Auflage erschienenen 1. Teil bietet der vorliegende II. Teil eine knappe, leichtfaßliche Darstellung der „Darstellungs- und Konstruktionsmethoden" in steter Verbindung mit ihren Anwendungen in der Technik.</small>

Elemente der darstellend. Geometrie. Von Geh. Reg.-Rat Dr. *R. Sturm*, weil. Prof. a. d. Univ. Breslau. 2., umg. und erw. Aufl. Mit 61 Fig. u. 7 lith. Tafeln. [V u. 157 S.] gr. 8. 1900. Geb. M. 44.80

<small>Das Buch, dessen 2. Aufl. in erster Linie für die Studierenden an den Universitäten bestimmt ist, behandelt insbes. die Gegenstände, die für das weitere geometrische Studium von Bedeutung sind.</small>

Einführung in die darstellende Geometrie. Von Prof. *P. B. Fischer*, Berlin-Lichterfelde. Mit 59 Fig. i. T. [91 S.] 8. 1921. (ANuG Bd. 541.) Kart. M. 20.—, geb. M. 24.—

<small>Als Anleitung für den Selbstunterricht bietet der Band die Grundlehren an der Hand der wichtigsten Aufgaben, die sich auf alle Gebiete der darstellenden Geometrie erstrecken.</small>

Vorlesungen über darstellende Geometrie. Von Dr. *F. v. Dalwigk*, Prof. a. d. Univ. Marburg. In 2 Bänden. I. Bd.: Die Methoden der Parallelprojektion. Mit 184 Fig. [XVI u. 364 S.] gr. 8. 1911. Geb. M. 104.— II. Bd.: Perspektive, Zentralkollineation und Grundzüge der Photogrammetrie. Mit über 130 Fig. [XI u. 322 S.] gr. 8. 1914. Geh. M. 80.—, geb. . . M. 88.—

<small>Das Buch ist aus Vorlesungen hervorgegangen, die Verf. in Marburg seit über zehn Jahren hielt und umfaßt ungefähr den Stoff, der im Unterricht an Technischen Hochschulen geboten wird, in manchen Punkten geht es darüber hinaus.</small>

Lehrbuch der darstellenden Geometrie für Technische Hochschulen. Von Hofrat Dr. *E. Müller*, Prof. a. d. Techn. Hochschule Wien. I. Bd. 3. Aufl. Mit 289 Fig. u. 3 Taf. [XIV u. 370 S.] gr. 8. 1920. Geh. M. 125.—, geb. M. 150.— II. Bd. Mit 328 Fig. [X u. 361 S.] 1919. Geh. M. 125.—, geb. M. 150.— II. Bd. auch in 2 Heften erhältlich: 1. Heft. 2. Aufl. Mit 140 Fig. [VII u. 129 S.] 1919. Geh. M. 42.50 2. Heft. 2. Aufl. Mit 188 Fig. [VII u. 233 S.] 1920. Geh. M. 85.—

<small>„... Das ausgezeichnete, meisterhaft geschriebene Werk hat dem Referenten das ganze letzte Jahr hindurch wertvolle Dienste geleistet. Es ist als eins unserer besten Lehrbücher zu bezeichnen und den Studierenden der Technischen Hochschulen aufs angelegentlichste zu empfehlen...." (Archiv der Mathematik und Physik.)</small>

Lehrbuch der elementaren praktischen Geometrie (Vermessungskunde). Feldmessen u. Nivellieren. Band I d. Lehrbuchs f. Vermessungskunde bes. f. Bauingenieure. Von Dr. *E. v. Hammer*, Prof. an d. Techn. Hochsch. zu Stuttgart. Mit 500 Figuren. [XX u. 766 S.] gr. 8. 1911. M. 176.—, geb. M. 192.—

<small>„Bei der leicht verständlichen Weise, mit der der Verf. die einschlägigen Lehren vorzutragen versteht, ist es selbst dem mit nur ganz elementaren mathematischen Kenntnissen ausgerüsteten Leser möglich, den Stoff vollkommen zu verarbeiten." (Dtsch. Vermess.-Techn.-Ztschr.)</small>

Feldmessen und Nivellieren. Anleit. f. d. Prüfung u. d. Gebrauch u. Meßgeräte bei einf. Längen- u. Höhenmessen f. Hochbau- u. Tiefbautechniker, bearb. von Prof. *G. Volquardts*, Dir. d. staatl. Baugewerksch. in Magdeburg. 4·, verb. u. verm. Aufl. Mit 56 Abb. i. T. [IV u. 31 S.] gr. 8. 1920. Geb. M. 15.—

Der Hohennersche Präzisionsdistanzmesser u. seine Verbindung mit einem Theodolit. (D. R. P. Nr. 277000.) Einrichtung und Gebrauch des Instrumentes f. d. verschiedene Zwecke d. Tachymetrie; mit Zahlenbeisp. sowie Genauigkeitsversuchen. Von Dr.-Ing. *H. Hohenner*, Prof. an der Techn. Hochsch., Darmstadt. Mit 7 Abb. i. T. u. 1 Taf. [V u. 59 S.] 8. 1919. (Abhandl. u. Vorträge a. d. Gebiete d. Math., Naturw. u. Techn. H. 4.) Geh. M. 25.60

<small>Erörtert die theoretischen Grundlagen dieses neuen optischen Entfernungsmessers, seine Wirkungsweise und seine Vorzüge gegenüber den bisherigen Instrumenten sowie seine vielseitige Verwendbarkeit bei größtmöglicher Genauigkeit.</small>

Verlag von B. G. Teubner in Leipzig und Berlin

Preisänderung vorbehalten

Geodäsie. Eine Anleitung zu geodät. Messungen für Anfänger mit Grundzügen der direkten Zeit- und Ortsbestimmung. Von Dr. *H. Hohenner*, Prof. a. d. Techn. Hochschule Darmstadt. Mit 216 Abb. [XII u. 347 S.] gr. 8. 1910. Geb. M. 96.—

"Die praktische Auswahl des reichen Lehrstoffes und seine musterhafte Behandlung verraten überall den erfahrenen Fachmann und Hochschullehrer." (Ztschr. f. prakt. Geologie.)

Über die Anwendungen der darstellenden Geometrie, insbes. üb. die Photogrammetrie. Von Geh. Reg.-Rat Dr. *F. Schilling*, Prof. a. d. Techn. Hochschule Danzig. Mit 353 Fig. u. 5 Doppeltaf. [VI u. 196 S.] gr. 8. 1904. Geh. M. 54.40, geb. . . . . M. 60.80

Vorlesungen über projektive Geometrie. Von Dr. *F. Enriques*, Prof. an der Univ. Bologna. Autorisierte deutsche Ausgabe von Realschulprof. Dr. *H. Fleischer* in Königsberg. 2. Aufl. Mit Einführungswort von Geh. Reg.-Rat Dr. *F. Klein*, Prof. an der Universität Göttingen, und 186 Fig. [XIV u. 374 S.] gr. 8. 1915. Geh. M. 112.50, geb. M. 137.50

Es werden in diesen Vorlesungen die Elemente der projektiven Geometrie im Sinne der v. Staudtschen Richtung unter Zugrundelegung eines Systems von visuellen (graphischen-deskriptiven) Axiomen entwickelt. Metrische Anwendungen werden getrennt behandelt.

Lehrbuch der analytischen Geometrie. Von Dr. *L. Heffter*, Prof. a. d. Univ. Freiburg i. Br., und Dr. *C. Koehler*, Prof. a. d. Univ. Heidelberg. I. Bd. Geometrie in den Grundgebilden erster Stufe und in der Ebene. Mit 136 Fig. [XVI u. 526 S.] gr. 8. 1905. Geb. M. 112.— [II. Bd. unter der Presse 1922.]

"Das Charakteristische an diesem Buche ist die frühzeitige Einführung des Begriffs der Transformationsgruppen und eine Abweichung von der üblichen Reihenfolge insofern, als zuerst die projektive Gruppe, dann erst ihre Untergruppen behandelt werden." (Math.-naturw. Bl.)

Vorlesungen über algebraische Geometrie. Geometrie auf einer Kurve. Riemannsche Flächen. Abelsche Integrale. Von Dr. *Fr. Severi*, Prof. an der Univ. Padua. Berecht. dtsche. Übersetzung v. Dr. *E. Löffler*, Oberreg.-Rat im württ. Kultusminist., Stuttg. [XVI u. 408 S.] gr. 8. 1921. M. 280.—, geb. M. 304.—

Die in möglichst einfacher Darstellung wiedergegebenen Vorlesungen behandeln die "Geometrie auf einer algebraischen Kurve" nach zwei sich ergänzenden Gesichtspunkten: einmal nach der von Brill und Noelter begründeten algebraisch-geometrischen Methode und dann von dem durch Abel und Riemann begründeten transzendenten Standpunkt aus. Dadurch werden sehr wertvolle Vergleiche und Vereinfachungen erzielt.

Salmon-Fiedler, Analytische Geometrie des Raumes. Unter Mitwirkung von Dr. *A. v. Brill*, Prof. a. d. Univ. Tübingen, neu herausgegeben von Dr. *K. Kommerell*, Prof. a. d. Techn. Hochschule, Stuttgart. gr. 8. I. Teil: Die Elemente u. die Theorie der Flächen zweiter Ordnung. 1. Lieferung. 5. Aufl. Mit 48 Figuren. [X u. 366 S.] gr. 8. 1922. Geb. M. 160.—. [2. Liefrg. u. d. Pr. 22]. II. Teil: Analyt. Geometrie d. Kurven im Raume d. Strahlensysteme u. d. algebraischen Flächen. 4. Aufl. Mit Holzschn. [U. d. Pr. 1922.]

Die 5. Auflage der "Analyt. Geometrie des Raumes", I. Teil, erscheint in einer tiefgreifenden und umfassenden Neubearbeitung, worin dennoch der alte "Salmon-Fiedler" zu erkennen ist. Die breitere Form der Darstellung, die strengere und klarere Fassung der Beweise, die erhebliche Vermehrung der Figuren werden die Einführung in die Probleme für den Studierenden wesentlich erleichtern, zumal die Gliederung des umfangreichen Stoffes nach der Schwierigkeit des Beweismittels erfolgt. Durch Neuaufnahme einzelner Abschnitte wie z. B. der Weierstrass'schen Elementarteilertheorie und durch gründlich ergänzte Literaturangaben ermöglicht das Buch genaueste Orientierung über das weitverzweigte Gebiet nach dem neuesten Stande der Forschung und bietet die Grundlage zu eignem geometr. Forschen. — Der zweite Teil wird in aller Kürze folgen.

Verlag von B. G. Teubner in Leipzig und Berlin

Preisänderung vorbehalten

Grundlehren der Mathematik. Für Studierende u. Lehrer. In 2 Teilen Mit vielen Fig. gr. 8. I. Teil: Die Grundlehren der Arithmetik u. Algebra. Bearb. von Geh. Hofrat Dr. *E. Netto*, weil. Prof. an der Univ. Gießen, und Dr. *C. Färber*, weil. Oberrealschulprof. in Berlin. 2 Bände. I. Band: Arithmetik. Von *C. Färber*. Mit 9 Fig. [XV u. 140 S.] 1911. Geb. M. 176.— II. Band. Algebra. Von *E. Netto*. [XII u. 232 S.] 1915. Geb. M. 144.—. II. Teil: Die Grundlehren der Geometrie. Bearb. von Geh. Reg.-Rat Dr. *W. Frz. Meyer*, Prof. an der Univ. Königsberg, und Realgymnasialdir. Prof. Dr. *H. Thieme*. 2 Bände. I. Band: Die Elemente der Geometrie. Bearb. von *H. Thieme*, Mit 323 Fig. [XII u. 394 S.] 1909. Geb. M. 176.—. II. Band. [In Vorb.]

Repertorium der höheren Mathematik. 2., völlig umgearbeitete Aufl. der deutschen Ausgabe. Unter Mitwirkung zahlreicher Mathematiker hrsg. von Dr. *P. Epstein*, Prof. an der Universität Frankfurt a. M., und Dr. *H. E. Timerding*, Prof. an der Techn. Hochschule Braunschweig. 2 Bände in 4 Teilen. 8. I. Band: Analysis. Hrsg. von *P. Epstein* und *R. Rothe*. I. Hälfte: Algebra, Differential- und Integralrechnung. [XV u. 527 S.] 1910. Geb. M. 128.—. [II. Hälfte in Vorb.] II. Band: Geometrie. Hrsg. v. *H. E. Timerding*. I. Hälfte: Grundlagen und ebene Geometrie. Mit 54 Fig. [XVI u. 524 S.] 1910. Geb. M. 128.—. II. Hälfte: Raumgeometrie. Mit 12 Fig. im Text. [XII u. S. 537 bis S. 1165.] 1922. Geh. M. 95.—, geb. M. 120.—

Lehrbuch der Physik. Von Prof. *E. Grimsehl*, weil. Dir. an der Oberrealschule a. d. Uhlenhorst in Hamburg. Zum Gebrauch beim Unterr., bei akad. Vorles. u. z. Selbststudium. 2 Bde. Bearb. v. Prof. Dr. *W. Hillers* u. Prof. Dr. *H. Starke*. Mit etwa 1600 Eig. I. Bd.: Mechanik, Wärmelehre, Akustik u. Optik. 6. Aufl. [U. d. Pr. 22]. II. Bd.: Magnetismus u. Elektrizität. Hrsg. v. Prof. Dr. *W. Hillers* in Hamburg u. Prof. Dr. *H. Starke* i. Aachen. 5. Aufl. [Unter der Presse 1922].

„Jede Seite des Werkes legt Zeugnis ab für die wunderbar klare und eindringliche Gestaltungskraft des Verfassers. Ausgezeichnete Abbildungen und treffend gewählte Beispiele erleichtern überall das Verständnis. Wer das Werk einmal in die Hand genommen hat, wird es nicht mehr missen wollen. In keiner naturwissenschaftlichen Bücherei sollte dieses ausgezeichnete Lehrbuch fehlen." (Deutsche opt. Wochenschrift.)

Physikalisches Wörterbuch. Von Prof. Dr. *G. Berndt*, Berlin. Mit 81 Fig. im Text. [IV u. 200 S.] 8. 1920. (Teubn. kl. Fachwörterb. Bd. 5.) Geb. M. 45.—

Maschinenbau. Von Ing. *O. Stolzenberg*, Dir. der Gewerbeschule und der gewerblichen Fach- und Fortbildungsschulen zu Charlottenburg. Band I: Werkstoffe des Maschinenbaues und ihre Bearbeitung auf warmem Wege. Mit 225 Abb. im Text. [IV u. 177 S.] gr. 8. Geb. M. 56.— Band II: Arbeitsverfahren. Mit 750 Abb. im Text. [IV u. 315 S.] gr. 8. 1921. Geb. M. 96.—. Band III: Methodik der Fachkunde und Fachrechnen. Mit 35 Abbildungen im Text. [IV u. 99 S.] gr. 8. 1921. Kart. M. 38.— .

„Das Bestreben, die ursächlichen Zusammenhänge in anschaulicher Art bei allen behandelten Hauptstücken klar hervorzukehren, bildet ein wesentliches Merkmal der Schrift. Zahlreiche Abbildungen unterstützen diese Absicht in bemerkenswerter Weise. Dem Buch ist eine weite Verbreitung zu wünschen, um die darin enthaltenen Früchte erfolgreicher Arbeit gleichsam als „Norm" dem Unterricht in den Fachgewerbe- und Werkschulen zugrunde zu legen." (Stahl und Eisen.)

Zeitgemäße Betriebswirtschaft. Von Dir. Dr.-Ing. *G. Peiseler*, Leipzig. I. Teil: Grundlagen. M. 30 Abb. | VI, 182 S.] gr. 8. 1921. M. 60.—, geb. 68.—

Das Werk entwickelt ein umfassendes System der deutschen Betriebswirtschaft, indem es, von dem wirtschaftlichen Aufbau des Einzelunternehmens ausgehend, alle grundlegenden Fragen, die unsere heutige Wirtschaft beherrschen, in ihrem inneren Zusammenhange behandelt.

Verlag von B. G. Teubner in Leipzig und Berlin

TEUBNERS TECHNISCHE LEITFÄDEN

Hochbau in Stein. Von Geh. Baurat H. Walbe, Prof. an der Tech. Hochsch. zu Darmstadt. Mit 302 Fig. i. Text. [VI u. 110 S.] 1920. Kart. M. 32.—. (Bd. 10.)

Veranschlagen, Bauleitung, Baupolizei, Heimatschutzgesetze. Von Stadtbaurat Fr. Schultz, Bielefeld. Mit 3 Taf. [IV u. 150 S.] 1921. Kart. M. 40.—. (Bd. 12.)

Leitfaden der Baustoffkunde. Von Geh. Hofrat Dr. M. Foerster, Professor an der Technischen Hochschule Dresden. (Bd. 15.)

Mechanische Technologie. Von Dr. R. Escher, weil. Professor a. d. Eidgenössischen Technischen Hochschule zu Zürich. 2. Aufl. Mit 418 Abb. [VI u. 164 S.] 1921. Kart. M. 42.—. (Bd. 6.)

Grundriß der Hydraulik. Von Hofrat Dr. Ph. Forchheimer, Professor an der Technischen Hochschule in Wien. Mit 114 Fig. i. Text. [V u. 118 S.] 1920. Kart. M. 32.—. (Bd. 8.)

In Vorbereitung befinden sich:

Höhere Mathematik. 2 Bände. Von Dr. R. Rothe, Professor an der Technischen Hochschule Berlin.

Maschinenelemente. 2 Bde. V. K. Kutzbach, Prof. a. d. Techn. Hochsch. Dresden.

Thermodynamik. 2 Bände. Von Geh. Hofrat Dr. R. Mollier, Professor an der Technischen Hochschule Dresden.

Kolbenkraftmaschinen. V. Dr.-Ing. A. Nägel, Prof. a. d. Techn. Hochsch. Dresden.

Dampfturbinen und Turbokompressoren. Von Dr.-Ing. H. Baer, Professor an der Technischen Hochschule zu Breslau.

Wasserkraftmaschinen und Kreiselpumpen. Von Oberingenieur Dr.-Ing. F. Lawaczeck, Halle.

Grundlagen der Elektrotechnik. 2 Bände. Von Dr. E. Orlich, Professor an der Technischen Hochschule Berlin.

Elektrische Maschinen. 4 Bd. V. Dr.-Ing. M. Kloß, Prof. a. d. Techn. Hochsch. Berlin.
 I: Transformatoren und asynchrone Motoren.
 II: Drehstrom-Maschinen (Synchronmaschinen).
 III: Gleichstrommaschinen.
 IV: Wechselstrom-Kommotaturmaschinen.

Mechanische Technologie der Textilindustrie. V. Dr.-Ing. W. Frenzel-Delft.

Eisenbau. Von Dr. A. Hertwig, Prof. an der Techn. Hochschule Aachen.

Hydrographie. Von Dr. H. Gravelius, Prof. a. d. Techn. Hochschule Dresden.

Hochbau in Holz. Von Geh. Baurat H. Walbe, Professor an der Technischen Hochschule Darmstadt.

VERLAG VON B. G. TEUBNER IN LEIPZIG UND BERLIN

GPSR Compliance
The European Union's (EU) General Product Safety Regulation (GPSR) is a set of rules that requires consumer products to be safe and our obligations to ensure this.

If you have any concerns about our products, you can contact us on

ProductSafety@springernature.com

In case Publisher is established outside the EU, the EU authorized representative is:

Springer Nature Customer Service Center GmbH
Europaplatz 3
69115 Heidelberg, Germany

www.ingramcontent.com/pod-product-compliance
Lightning Source LLC
Chambersburg PA
CBHW071721100426
42873CB00016B/368